"十三五"职业教育国家规划教材

极限配合与技术测量
（第3版）

主　编　夏宝林　胥　进　周　玉
副主编　马利军　何　露　王　媛
主　审　陈德航

北京理工大学出版社
BEIJING INSTITUTE OF TECHNOLOGY PRESS

内 容 简 介

本书根据教育部颁布的专业教学标准,并参照相关的最新国家职业技能标准和行业职业技能鉴定规范中的有关要求编写而成。全书包括公差技术测量概述,孔、轴的极限,测量长度的常用量具,孔、轴的配合,极限与配合标准的基本规定,初识几何公差,直线度与平面度,圆度与圆柱度,圆跳动与全跳动,圆锥的测量,表面粗糙度的测量,螺纹及检测,渐开线圆柱齿轮的测量,先进测量技术等方面的知识及训练。

本书可作为职业院校机电、数控技术应用专业及相关专业的教学用书,也可供中高职衔接加工制造类专业中职段相关课程教学使用,还可作为相关行业的岗位培训教材及自学用书。

版权专有　侵权必究

图书在版编目(CIP)数据

极限配合与技术测量 / 夏宝林,胥进,周玉主编. —3版. —北京:北京理工大学出版社,2019.10(2021.12重印)

ISBN 978-7-5682-7767-9

Ⅰ.①极… Ⅱ.①夏…②胥…③周… Ⅲ.①公差-配合-中等专业学校-教材②技术测量-中等专业学校-教材 Ⅳ.①TG801

中国版本图书馆CIP数据核字(2019)第239894号

出版发行 / 北京理工大学出版社有限责任公司
社　　址 / 北京市海淀区中关村南大街5号
邮　　编 / 100081
电　　话 / (010)68914775(总编室)
　　　　　 (010)82562903(教材售后服务热线)
　　　　　 (010)68944723(其他图书服务热线)
网　　址 / http://www.bitpress.com.cn
经　　销 / 全国各地新华书店
印　　刷 / 定州市新华印刷有限公司
开　　本 / 787毫米×1092毫米　1/16
印　　张 / 7.5　　　　　　　　　　　　　　　　责任编辑 / 张鑫星
字　　数 / 180千字　　　　　　　　　　　　　　文案编辑 / 张鑫星
版　　次 / 2019年10月第3版　2021年12月第3次印刷　责任校对 / 周瑞红
定　　价 / 24.00元　　　　　　　　　　　　　　责任印制 / 边心超

图书出现印装质量问题,请拨打售后服务热线,本社负责调换

前　言

本书根据教育部颁布的课程教学标准，并参照相关的最新国家职业技能标准和行业职业技能鉴定规范中的有关要求编写而成。在编写过程中以"专业与产业、职业岗位对接，专业课程内容与职业标准对接，教学过程与生产过程对接，学历证书与职业资格证书对接，职业教育与终身学习对接"的职教理念为指导思想，针对学生知识基础，吸纳企业、行业专家，职业院校专家意见，结合职业教育培养目标和教学实际需求，特别针对职业院校学生学习基础较差、理性认识较差、感性认识较强的特点，遵循由浅入深、由易到难、由简易到复杂的循序渐进的规律编写了本教材。

本书可供职业院校加工制造类专业的《极限配合与技术测量》课程教学使用。

本书具有以下特色：

1. 删繁就简，易学易懂。

删掉以前教材部分较多的、枯燥乏味的文字叙述，讲述深入浅出，知识点更精练。

2. 图文并茂，一目了然。

较多地插入简单、实用的图片。特别在量具使用的讲述中，每一种量具的使用都有图、有用法、有注意事项。对老师来说，很容易进行归纳总结；对学生来说更容易掌握相应的知识点。

3. 知识重组，框架重构。

将几何公差的内容拆分为几个项目，每个项目都有定义、测量工具、测量方法、同步训练等内容，每一项公差都有解释、图示、检测方法，形象直观。

4. 产教融合、双元开发。

参与编写的都是大学教授、从事多年教学的一线骨干教师、企业一线技师、企业专家，经验丰富，了解学生，教材融入产业发展最新的技术、工艺、标准，让学生学以致用。

整本书以项目为载体，以任务为驱动，建议教师在上课时可以采用分组式教学，小组内可以进行成员任务分配，让课堂气氛更加活跃。教学中以理论为辅，实训为主，坚持"做中学，学中做"。前面讲解孔、轴的极限等理论较重的项目时，可以将学生带进车间，现场展示孔与轴的尺寸，后面的项目也可以参考此法。

本书由四川职业技术学院夏宝林教授、国家改革发展示范中职学校射洪县职业中专学校的省特级教师胥进、周玉担任主编，邀请"遂州工匠"马利军参与编写、修订，参与编写的教师还有何露、王媛。由于编者学识和水平所限，本书难免存在不足和错漏之处，敬请广大读者批评指正。

目　录

- 绪论 ·· 1
- 项目一　公差技术测量概述 ·· 2
  - 任务一　互换性概述 ·· 2
  - 任务二　标准与标准化 ··· 3
  - 同步训练 ··· 4
- 项目二　孔、轴的极限 ·· 5
  - 任务一　孔和轴的基本术语 ·· 5
  - 任务二　偏差与公差的基本术语和定义 ·· 8
  - 同步训练 ·· 11
- 项目三　测量长度的常用量具 ·· 13
  - 任务一　简单量具 ··· 13
  - 任务二　游标量具 ··· 14
  - 任务三　螺旋测微量具 ··· 19
  - 任务四　量　块 ·· 25
  - 同步训练 ·· 27
- 项目四　孔、轴的配合 ··· 29
  - 任务一　配合的术语及定义 ··· 29
  - 任务二　配合公差 ··· 33
  - 同步训练 ·· 34
- 项目五　极限与配合标准的基本规定 ··· 35
  - 任务一　标准公差与基本偏差 ·· 35
  - 任务二　基准制 ·· 44
  - 同步训练 ·· 50
- 项目六　初识几何公差 ··· 51
  - 任务一　几何公差概述 ··· 51
  - 任务二　几何公差的标注 ·· 54
  - 同步训练 ·· 59
- 项目七　直线度与平面度 ·· 61
  - 任务一　直线度与平面度 ·· 61
  - 任务二　测量工具 ··· 62
  - 任务三　直线度与平面度的测量 ··· 64
  - 同步训练 ·· 65

项目八　圆度与圆柱度 ……………………………………………………… 66
任务一　圆度与圆柱度 …………………………………………………… 66
任务二　测量工具 ………………………………………………………… 67
任务三　圆度与圆柱度的测量 …………………………………………… 70
同步训练 …………………………………………………………………… 71

项目九　圆跳动与全跳动 …………………………………………………… 72
任务一　跳动的定义 ……………………………………………………… 72
任务二　跳动公差的应用和识读 ………………………………………… 72
任务三　圆跳动误差的检测 ……………………………………………… 74
同步训练 …………………………………………………………………… 75

项目十　圆锥的测量 ………………………………………………………… 76
任务一　圆锥 ……………………………………………………………… 76
任务二　锥度的测量 ……………………………………………………… 76
任务三　圆锥公差 ………………………………………………………… 81
同步训练 …………………………………………………………………… 82

项目十一　表面粗糙度的测量 ……………………………………………… 83
任务一　粗糙度的基本概念及术语 ……………………………………… 83
任务二　表面粗糙度的标注 ……………………………………………… 86
任务三　表面粗糙度的测量 ……………………………………………… 90
同步训练 …………………………………………………………………… 93

项目十二　螺纹及检测 ……………………………………………………… 95
任务一　螺纹概述 ………………………………………………………… 95
任务二　螺纹的检测 ……………………………………………………… 97
同步训练 …………………………………………………………………… 99

项目十三　渐开线圆柱齿轮的测量 ………………………………………… 100
任务一　渐开线圆柱齿轮的精度 ………………………………………… 100
任务二　渐开线圆柱齿轮测量 …………………………………………… 101
同步训练 …………………………………………………………………… 104

项目十四　先进测量技术 …………………………………………………… 105
任务一　万能工具显微镜 ………………………………………………… 105
任务二　激光跟踪仪 ……………………………………………………… 108
任务三　在线测量技术 …………………………………………………… 110
同步训练 …………………………………………………………………… 113

参考文献 ……………………………………………………………………… 114

绪论

本课程是机械类各工种的技术基础课。它包括极限配合与技术测量两部分，是将极限配合与技术测量基础有机结合的一门实践性很强的课程。

本课程的任务是以互换性为主线，围绕机器零件的误差与公差的概念来研究使用要求和制造要求间的矛盾，而这一矛盾的解决方法就是确定合理的公差配合和采用适当的测量手段。

通过对本课程的学习，学生们可以掌握有关公差配合与测量的基础知识，能正确选用测量器具，掌握一般的零件测量方法，并可以将这些技能应用于实际生产中。

本课程的基本要求：

1. 掌握互换性原理的基础知识。
2. 了解本课程所介绍的各种公差标准和基本内容，并掌握相应的特点。
3. 学会根据产品的功能要求，选择合理的公差并能正确地在图样上标注。
4. 掌握一般几何参数测量的基础知识。
5. 了解各种典型零件的测量方法，学会使用常用的计量器具。

学习本课程时，应将本课程的学习与专业工艺课程的知识和技能有机结合起来，同时将本课程中所学的知识和技能运用到专业工艺实践活动中，在解决实际问题的过程中，进一步加深理解和掌握本课程的内容，巩固和提高本课程中所学的知识和技能。

项目一　公差技术测量概述

"极限配合与技术测量"是中等职业学校机械类相关专业的一门重要技术基础课，它与机械设计、机械制造等专业课有着密切的联系。本课程的任务是使学生获得极限配合和技术测量方面的基本理论，让学生掌握和识别量具的种类及用途，并能正确地使用常用量具测量零件。

学习目标

（1）掌握互换性和标准化的概念。
（2）了解本课程的性质、任务与基本要求。
（3）掌握加工误差与公差的概念与区别，了解技术测量的基本知识。

任务一　互换性概述

一、互换性的概念

1. 什么叫互换性

在机械工业中，互换性是指同一规格的零、部件可以相互调换的性能。零、部件在制造时，按同一规格要求；在安装时，无须挑选和修配；在安装后，能保证预定的使用性能，这样的零、部件称为具有互换性的零、部件。显然，判断零、部件是否具有互换性可以从以下三点考虑：

（1）按一定要求制造。
（2）不经任何附加手续（挑选、调整、修理）就能装配。
（3）能满足使用要求。

2. 互换性的作用

（1）有利于组织专业化协作。
（2）有利于用现代化工艺装配。
（3）有利于采用流水线和自动线生产方式。
（4）能提高生产效率，降低成本，延长机器的使用寿命。

二、加工误差、公差与技术测量

要使零件具有互换性，就必须保证零件的尺寸、几何精度和表面粗糙度等的准确性。但是，零件在加工过程中不可避免地要产生误差，而且，这些误差可能会影响到零件的使用性能。如何解决这个问题呢？实践证明，只要将这些误差控制在一定范围内，即按"公差"来制造，就能满足零件的使用要求，也就是说仍可以保证零件的互换性要求。

1. 加工误差和公差

（1）加工误差。

零件的尺寸需要经过加工才能获得，但由于在加工过程中会受到各种因素的影响，所以不可能把零件加工成理论上准确的尺寸。零件的实际尺寸和理论尺寸之差称为加工误差。加工误差包括尺寸误差、形状误差、位置误差和表面粗糙度误差。

（2）公差。

公差是指零件的尺寸、几何（形状、方向、位置和跳动）及表面粗糙度参数值允许变动的范围。公差主要包括尺寸公差、几何公差和表面粗糙度公差。

（3）加工误差与公差的关系。

为了满足零件互换性要求，加工误差必须控制在公差范围之内才为合格品；反之，为不合格品。对同一尺寸来说，公差值大就是允许的加工误差大，加工容易，零件的制造成本低；公差值小就是允许的加工误差小，精度要求高，加工困难，零件的制造成本高。所以，零件的公差值大小与零件的加工难易程度密切相关，直接影响产品成本的高低。

注意： 误差在加工过程中产生，公差由设计人员确定。公差是误差的最大允许值。

2. 技术测量

技术测量是实现互换性的技术保证。只有完善的极限与配合标准，缺乏相应的技术测量方法，互换性的生产是不可能实现的。

所谓技术测量，就是把被测出的量值与其有计量单位的标准进行比较，从而确定被测量的量值。将测量的结果与图样的要求进行比较，就能判断零件是否合格。

为了保证测量的准确，测量时应注意以下几点：

（1）建立统一的计量单位，以确保量值的传递准确。

（2）拟定正确的测量方法，合理地选择测量量具。

（3）正确处理测量所获得的有关数据。

（4）充分考虑环境因素对测量精度的影响，如温度、湿度、振动和灰尘等因素。

任务二　标准与标准化

一、标准与标准化概述

在现代化生产中，标准和标准化是一项重要的技术措施。一种产品的制造，往往涉及许多部门和企业，为了适应各个部门与企业在技术上相互协调的要求，必须有一个共同的技术标准。

1. 什么是标准

标准是指技术标准，是为产品和工程上的规格、技术要求及其测量方法等方面所做的技术规定。标准是从事设计、制造和检测工作的技术依据。

2. 什么是标准化

标准化是以制定标准和贯彻执行技术标准为主要内容的全部活动过程。

二、制造业最新国家标准

只有统一的技术标准，才能保证互换性生产的实现。随着时代的发展，国家也相应地对老标准进行了更新，以下是国家颁布的部分最新标准。

（1）表面粗糙度参数及其数值（GB/T 1031—2009）。
（2）剖面区域的表示方法（GB/T 17453—2005）。
（3）剖面符号（GB/T 4457.5—2013）。
（4）标准模数（GB/T 1357—2008）。
（5）普通螺纹基本牙型及其基本尺寸（GB/T 192—2003）。
（6）非螺纹密封的管螺纹的基本牙型和基本尺寸（GB/T 7307—2001）。
（7）深沟球轴承（GB/T 276—2013）。
（8）双向推力球轴承（GB/T 28697—2012）。

同步训练

1. 什么是互换性？请结合生产和生活中的实例来阐述互换性的意义。
2. 简述加工误差与公差的关系。
3. 什么是技术测量？怎样通过测量判别零件是否合格？
4. 什么是标准化？通过实例来解释标准化的实际意义。
5. 学习本课程的主要任务是什么？

项目二　孔、轴的极限

在机械设计与制造中，装配在一起的零件（如轴和孔）的配合精度，对机器的使用性能和产品质量有极大的影响。装配在一起的孔、轴类零件必须满足设计的松紧程度和工作精度要求，以实现其功能并保证其互换性。本项目主要介绍孔、轴极限的基本术语及其相关内容。

学习目标

（1）了解孔、轴有关尺寸的基本术语及其定义。
（2）掌握偏差的概念、分类、计算公式，了解偏差的意义。
（3）掌握公差的概念、计算公式，会分析公差带图。

任务一　孔和轴的基本术语

一、孔和轴

机器是由零件或部件组装而成的，而零、部件可看成孔、轴两类零件，如图 2-1 所示。在满足互换性的配合中，孔和轴具有广泛的含义。

（1）孔：指圆柱形内表面，也包括非圆柱形内表面（有两平行平面或切面）形成的包容面。其尺寸用"D"表示。

（2）轴：指圆柱形外表面，也包括非圆柱形外表面（有两平行平面或切面）形成的被包容面。其尺寸用"d"表示。

（3）孔、轴的区别。

① 装配：孔为包容面，轴为被包容面。
② 加工：孔由小变大，轴由大变小。
③ 测量：测孔用内卡尺，测轴用外卡尺。

例 2-1　识别图 2-2 中的哪些部分为孔？哪些部分为轴？哪些为非孔轴尺寸？

由 D_1、D_2 所确定的部分为孔；由 d_1 所确定的部分为轴；由 L 所确定的部分既不是孔，也不是轴。

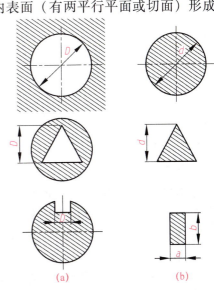

图 2-1　常见零、部件截面
(a) 孔；(b) 轴

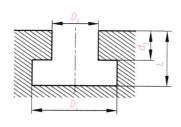

图 2-2 孔、轴图

二、尺寸的基本术语及其定义

专业术语及其定义是公差与配合标准的基础,也是从事机械设计和制造人员在公差与配合方面的技术语言。

1. 尺寸

尺寸是指用特定单位表示线性尺寸的数值,如直径、宽度、深度、高度、中心距等,但不包括角度。在机械制图中,当图样上的尺寸以 mm 为单位时,可省略单位标注。

2. 基本尺寸

基本尺寸是指由设计者给定的尺寸,一般要求符合标准的尺寸系列。大写字母表示孔,小写字母表示轴。孔的基本尺寸用"D"表示,轴的基本尺寸用"d"表示。

基本尺寸表示零件尺寸的基本大小,通常图样上标注的都是基本尺寸,如图 2-3 所示。为了减少定值刀具、量具、型材和零件尺寸的规格,国家标准已将尺寸标准化。因此,基本尺寸应尽量选取标准尺寸,即通过计算或试验的方法得到的标准尺寸。

3. 实际尺寸

实际尺寸是指通过测量所得的尺寸,它只是接近基本尺寸。孔用 D_a、轴用 d_a 表示。实际尺寸也称为局部实际尺寸。由于零件存在加工误差,所以不同部位的实际尺寸也不尽相同,如图 2-4 所示。

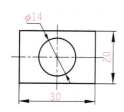

图 2-3 基本尺寸示例

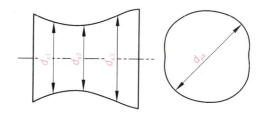

图 2-4 实际尺寸示意图

例如:工人加工零件时,通过测量获得轴的尺寸为 $\phi 32.02$ mm,则该尺寸为实际尺寸,即 $d_a = \phi 32.02$ mm。

4. 极限尺寸

极限尺寸是指允许尺寸变化的两个界限值。两者中较大的称为最大极限尺寸,较小的称为最小极限尺寸。孔的最大、最小极限尺寸分别用 D_{max} 和 D_{min} 表示;轴的最大、最小极限尺寸分别用 d_{max} 和 d_{min} 表示,如图 2-5 所示。

注意:

(1) 规定极限尺寸是为了限制加工零件的尺寸变动范围,以满足使用要求,保证互换性。当不考虑加工误差的影响时,加工零件获得的实际尺寸若在两极限尺寸所确定的范围之内,孔:$D_{max} \geqslant D_a \geqslant D_{min}$,轴:$d_{max} \geqslant d_a \geqslant d_{min}$,则零件合格;否则,不合格。

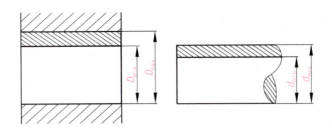

图 2-5 极限尺寸示意图

（2）基本尺寸和极限尺寸都是设计时给定的，基本尺寸可以在极限尺寸所确定的范围内，也可以在极限尺寸所确定的范围外。

例 2-2 如图 2-6 所示，如果轴的实际尺寸是 $\phi 50.002$ mm，那么该轴合格吗？

分析：根据零件图可知，该零件的基本尺寸为 $\phi 50$ mm，而 d_{max} 为 $\phi 50.008$ mm，d_{min} 为 $\phi 49.992$ mm。实际尺寸为 $\phi 50.002$ mm，根据 $d_{max} \geq d_a \geq d_{min}$ 可知，$\phi 50.002$ mm 在 $\phi 49.992$ mm 与 $\phi 50.008$ mm 之间，轴为合格零件。

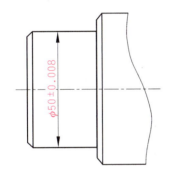

图 2-6 轴的极限尺寸

例 2-3 根据图 2-7 回答下列问题。
（1）$\phi 32.000$ mm 为轴的基本尺寸（d）。
（2）$\phi 31.995$ mm 为轴的实际尺寸（d_a）。
（3）$\phi 32.004$ mm 为_____。
（4）$\phi 31.988$ mm 为_____。
（5）12.000 mm 为_____。
（6）12.010 mm 为_____。
（7）12.018 mm 为_____。
（8）11.991 mm 为_____。

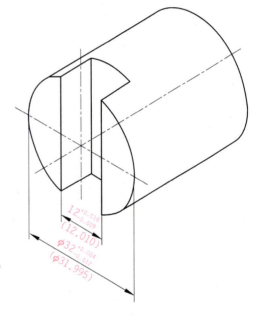

图 2-7 轴

任务二 偏差与公差的基本术语和定义

一、尺寸偏差

1. 尺寸偏差（简称偏差）

某一尺寸（极限尺寸、实际尺寸）减去基本尺寸所得的代数差称为尺寸偏差。尺寸偏差包括极限偏差和实际偏差，极限偏差又分为上偏差与下偏差，如图2－8所示。

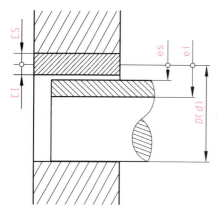

图2－8 尺寸偏差示意图

（1）极限偏差：极限尺寸减去基本尺寸所得的代数差，即反映极限尺寸偏离基本尺寸的程度。

最大极限尺寸减去其基本尺寸为上偏差，孔用ES表示、轴用es表示；

最小极限尺寸减去其基本尺寸为下偏差，孔用EI表示、轴用ei表示。

$$ES = D_{max} - D \quad es = d_{max} - d$$
$$EI = D_{min} - D \quad ei = d_{min} - d$$

（2）实际偏差：实际尺寸减去基本尺寸所得的代数差，即反映实际尺寸偏离基本尺寸的程度。

孔　$Ea = D_a - D$

轴　$ea = d_a - d$

（3）实际偏差的合格性判定条件。

孔：$EI \leq Ea \leq ES$；轴：$ei \leq ea \leq es$。

① 偏差是一代数值，可以为正、负、零值。

② 当实际偏差在极限偏差限定的范围内时，零件才算合格。

在图样上或技术文件中极限偏差的标注方法如 $\phi 50^{+0.03}_{-0.04}$，为了标注保持严密性，即使上、下偏差是零，也要进行标注，如 $\phi 50^{\ 0}_{-0.04}$。当上、下偏差数值相等，正负相反时，标注可简化，如 $\phi 30 \pm 0.002$。

例2－4 有一轴的尺寸为 $\phi 50^{\ 0}_{-0.04}$ mm，实测轴的尺寸为 $\phi 49.98$ mm，问该轴是否合格。

解 方法1：利用极限尺寸　$d_{max} = 50$ mm　$d_{min} = 49.96$ mm

$d_a = 49.98$ mm　$d_{min} < d_a < d_{max}$

所以该轴合格。

方法2：利用偏差　$ea = 49.98 - 50 = -0.02$（mm）

$es = 0$ mm　　$ei = -0.04$ mm

$ei < ea < es$

所以该轴合格。

2. 尺寸公差

要控制误差的大小，就需知道允许尺寸的变动量。其数值等于最大极限尺寸与最小极限尺寸之差的绝对值；也等于上偏差减去下偏差的代数差的绝对值。孔、轴尺寸公差分别用 T_h、T_s 表示：

$$T_h = |D_{max} - D_{min}| = |ES - EI|$$
$$T_s = |d_{max} - d_{min}| = |es - ei|$$

注意：

（1）公差值是一个绝对值。

（2）注意公差与极限偏差的区别。

① 数值上，公差：绝对值（不能为零）；偏差：代数值。

② 作用上，公差：表示公差带的大小，影响配合精度；偏差：表示公差带的位置，影响配合性质。

③ 工艺上，公差：反映加工的难易；偏差：调整工具的依据。

④ 效果上，公差：限制误差；偏差：限制实际偏差。

例 2-5 分别求出图 2-9 零件的极限偏差及公差。

解 根据分析可知

内孔的上偏差：ES = +0.028 mm

内孔的下偏差：EI = +0.007 mm

外圆的上偏差：es = -0.009 mm

外圆的下偏差：ei = -0.034 mm

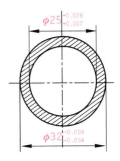

图 2-9 孔类零件

内孔的公差：$T_h = |ES - EI| = |(+0.028) - (+0.007)| = 0.021$（mm）

外圆的公差：$T_s = |es - ei| = |(-0.009) - (-0.034)| = 0.025$（mm）

或者：

内孔的最大极限尺寸：$D_{max} = D + ES = 25 + (+0.028) = 25.028$（mm）

内孔的最小极限尺寸：$D_{min} = D + EI = 25 + (+0.007) = 25.007$（mm）

内孔的公差：$T_h = |D_{max} - D_{min}| = |25.028 - 25.007| = 0.021$（mm）

外圆的最大极限尺寸：$d_{max} = d + es = 32 + (-0.009) = 31.991$（mm）

外圆的最小极限尺寸：$d_{min} = d + ei = 32 + (-0.034) = 31.966$（mm）

外圆的公差：$T_s = |d_{max} - d_{min}| = |31.991 - 31.966| = 0.025$（mm）

二、公差带

例 2-6 已知有一配合的孔、轴，其尺寸为，孔：$\phi 30^{+0.050}_{+0.025}$ mm，轴：$\phi 30^{-0.025}_{-0.050}$ mm。求孔、轴的极限偏差与极限尺寸。

解 孔的上偏差：ES = +0.050 mm

孔的下偏差：EI = +0.025 mm

孔的最大极限尺寸：$D_{max} = D + ES = 30 + (+0.050) = 30.050$（mm）

孔的最小极限尺寸：$D_{min} = D + EI = 30 + (+0.025) = 30.025$（mm）

轴的上偏差：es = -0.025 mm

轴的下偏差：ei = -0.050 mm

轴的最大极限尺寸：$d_{max} = d + es = 30 + (-0.025) = 29.975$（mm）
轴的最小极限尺寸：$d_{min} = d + ei = 30 + (-0.050) = 29.950$（mm）

思考：此例中的上、下偏差与最大、最小极限尺寸之间所限定的区域该如何理解呢？

1. 公差带图

如图2-10所示，孔轴配合时，必须要有相同的基本尺寸及其允许变动范围的极限尺寸、极限偏差、尺寸公差。由于公差与偏差的数值相差较大，不便用同一比例表示，故采用了公差带图。其定义为：表示零件的尺寸相对其基本尺寸所允许的变动范围，叫尺寸公差带；而公差带的图解方式，则称为公差带图，如图2-11所示。

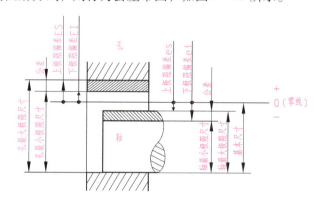

图2-10 公差带示意图

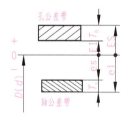

图2-11 尺寸公差带

（1）零线。

首先画出一条水平的零线（零线是表示基本尺寸的一条直线），在其左端标上"0""+""-"号，在零线的左下方画出带箭头的基本尺寸线，并标出基本尺寸。正偏差位于零线的上方（注：不是指上偏差），负偏差位于零线的下方（注：不是指下偏差），偏差为零时与零线重合。根据上偏差和下偏差的大小，按适当的比例画出平行于零线的两条直线，公差带沿零线方向的长度可适当选取。为了区分孔、轴公差带，孔的公差带剖面线和轴的公差带剖面线方向相反，并标出其上下偏差。

（2）尺寸公差带。

尺寸公差带为由代表上、下偏差的两条直线所限定的一个区域。公差带有两个基本参数，即公差带大小与位置。公差带大小由标准公差确定，位置由基本偏差确定。

注意：尺寸公差带图上的偏差可用mm和μm作为单位。

（3）基本偏差。

基本偏差是指在国家极限与配合标准中用以确定公差带相对于零线位置的上偏差或下偏差，一般为靠近零线的那个极限偏差，如图2-12所示。

由此可见，"极限"用于协调机器零件使用要求与制造经济性之间的矛盾。

（4）标准公差：国家标准中所规定的用以确定的任一公差值。标准公差有20个公差等级，为IT01，IT0，IT1，IT2，…，IT18。

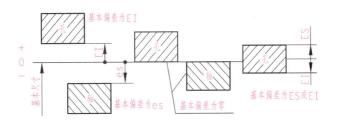

图 2-12 基本偏差示意图

例 2-7 画出基本尺寸为 φ25 mm，最大极限尺寸为 φ25.021 mm、最小极限尺寸为 φ25 mm 的孔与最大极限尺寸为 φ24.980 mm、最小极限尺寸为 φ24.967 mm 的轴的公差带图。

解 具体步骤见表 2-1。

表 2-1 画公差带图的具体步骤

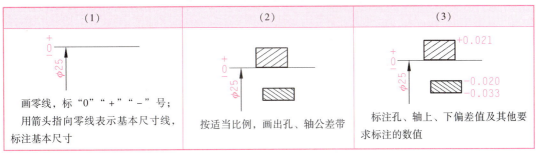

(1)	(2)	(3)
画零线，标"0""+""-"号；用箭头指向零线表示基本尺寸线，标注基本尺寸	按适当比例，画出孔、轴公差带	标注孔、轴上、下偏差值及其他要求标注的数值

同步训练

1. 简述孔、轴的区别。
2. 什么是极限尺寸？什么是最大极限尺寸？什么是最小极限尺寸？
3. 什么是尺寸偏差？什么是极限偏差？极限偏差是如何分类的？
4. 根据图 2-13 中的零件回答下列问题。

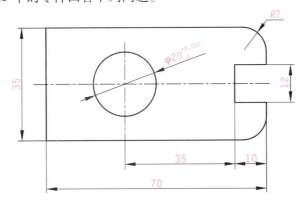

图 2-13 零件

(1) 这幅零件图中的各数值分别有什么含义？

（2）该零件图表示孔尺寸的数值有哪些？表示轴尺寸的数值有哪些？

（3）该零件图中基本尺寸有哪些？$\phi 20^{+0.021}_{\ 0}$ mm 的最大、最小极限尺寸怎样计算？

5. 什么是公差？简述公差计算过程。

6. 如果尺寸要求为：$\phi 50^{+0.021}_{\ 0}$ mm，检测出实际尺寸为 $\phi 50.020$ mm，请问该零件合格吗？

7. 设计一孔，其基本尺寸为 $\phi 30$ mm，最大极限尺寸为 $\phi 30.042$ mm，最小极限尺寸为 $\phi 30.009$ mm，求孔的上、下偏差及孔公差，并绘制该孔的尺寸公差带图。

8. 设计一轴，其直径的基本尺寸为 $\phi 25$ mm，最大极限尺寸为 $\phi 24.993$ mm，最小极限尺寸为 $\phi 24.980$ mm，求轴的上、下偏差及轴公差，并绘制该轴的尺寸公差带图。

9. 用已知数值，确定表 2-2 中各项未确定的数值。

表 2-2　尺寸偏差与公差计算

序号	配合件	基本尺寸/mm	极限尺寸/mm		极限偏差/mm		基本尺寸与极限偏差标注/mm	公差 T_h（T_s）/mm
			max	min	ES（es）	EI（ei）		
1	孔	20	20.033	20.000				
	轴		19.980	19.959				
2	孔	32	32.025	32.000				
	轴		32.033	32.017				

项目三　测量长度的常用量具

测量是加工过程中必不可少的环节，是对零件合格性判断的重要依据。量具是测量过程中必备的工具，正确地选择和使用量具能有效地保证工件的加工质量。通过本任务的训练，使操作者能根据工件的加工表面和加工精度合理地选择和使用量具。

学习目标

（1）熟悉常用量具的名称、规格和工作原理。
（2）掌握钢直尺、游标卡尺、千分尺、量块等量具的使用方法。
（3）了解常用量具的维护和存放方法。

任务一　简单量具

一、钢直尺

钢直尺是最简单的长度量具，它的长度有 150 mm、200 mm、300 mm、500 mm 和 1 000 mm 等规格。图 3-1 所示为 200 mm 钢直尺。

钢直尺用于测量零件的长度尺寸，它的测量结果不太准确。这是由于钢直尺的刻线间距为 1 mm，而刻线本身的宽度就有 0.1～0.2 mm，所以测量时读数误差比较大，只能读出毫米数，即它的最小读数值为 1 mm，比 1 mm 小的数值，只能估计而得。

图 3-1　200 mm 钢直尺

如果用钢直尺直接测量零件的直径尺寸（轴径或孔径），则测量精度更差。其原因是：除了钢直尺本身的读数误差比较大外，还由于钢直尺无法正好放在零件直径的正确位置。因此，零件直径尺寸的测量，可以利用钢直尺和内、外卡钳配合来进行。

二、卡钳

常见的卡钳有两种，即内卡钳、外卡钳，如图 3-2 所示。

内、外卡钳是最简单的比较量具。外卡钳是用来测量外径和平面的，内卡钳是用来测量内径和凹槽的。它们本身都不能直接读出测量结果，而是把测量得到的长度尺寸（直径也属于长度尺寸）在钢直尺上进行读数，或在钢直尺上先量取所需尺寸，再去检验零件的直径是否符合。

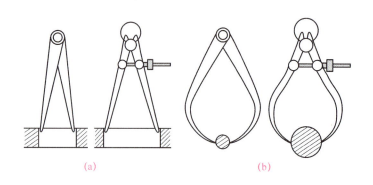

图 3-2 卡钳

(a) 内卡钳;(b) 外卡钳

三、塞尺

塞尺又称厚薄规或间隙片,主要用来检验机床特别紧固面与紧固面、活塞与气缸、活塞环槽与活塞环、十字头滑板与导板、进排气阀顶端与摇臂、齿轮啮合间隙等两个结合面之间的间隙大小。塞尺由许多厚薄不一的薄钢片组成,按照塞尺的组别制成,每把塞尺中的每片具有两个平行的测量平面,且都有厚度标记,以供组合使用,如图 3-3 所示。

测量时,根据结合面间隙的大小,用一片或数片重叠在一起塞进间隙内。例如,用 0.03 mm 的一片塞尺能插入间隙,而 0.04 mm 的一片塞尺不能插入间隙,则说明间隙在 0.03~0.04 mm,所以塞尺也是一种界限量规。

图 3-3 塞尺

任务二 游标量具

常用的游标卡尺是一种能测量长度、外径、内径、深度的量具。

一、游标卡尺的种类

(1) 游标卡尺。

游标卡尺读数部分主要由主尺和副尺(又叫游标)组成,如图 3-4 所示,其原理是利用主尺刻线间距与副尺刻线间距之差来进行小数读数的。根据副尺的分度值有 0.1 mm、0.05 mm、0.02 mm 三种规格,其中分度值为 0.02 mm 的游标卡尺应用最普遍。

项目三　测量长度的常用量具

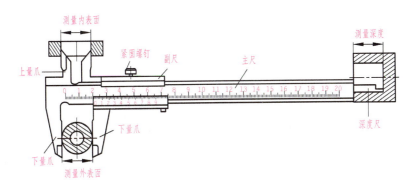

图 3-4　游标卡尺

（2）带表卡尺。

带表卡尺（图 3-5）的读数方法是：先读出表中偏离零位的数值，再加上主尺数值，即为被测部位尺寸。

图 3-5　带表卡尺

（3）数显卡尺。

数显卡尺（图 3-6）的读数方法是：显示屏上显示的数值即为测量数值。

图 3-6　数显卡尺

二、游标卡尺的使用方法及注意事项

1. 使用方法

使用游标卡尺直接在机床上测量时，必须让机床停机，同时，注意清除被测物表面的切屑、尘土、毛边等。测量时，首先使固定量爪的测量面接触被测物体，然后轻轻按住游标的推柄向前缓慢推动，直到活动量爪轻轻地夹住被测物体。如果用一只手拿着游标卡尺测量时，出现摆动，则需用两只手进行测量。测量时，不要让深度尺划伤机床，或损坏深度尺，注意深度尺的伸出长度。

1）下量爪的使用方法
（1）长度测量。

测量长度时，应使游标卡尺尺身与被测量方向平行，如图3-7所示。

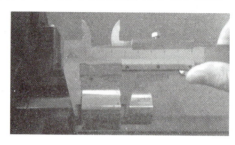

图3-7 长度测量

（2）外径测量。

测量外径时，应使游标卡尺与轴线垂直，如图3-8所示。

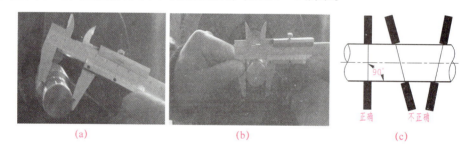

图3-8 外径测量
（a）错误；（b）正确；（c）示意图

当用小游标卡尺测量大直径外圆时，下量爪的尖端勉强到达圆柱的中心，如图3-9（a）所示，由于手按推柄的的作用力，游标发生如图3-9（b）所示的点线倾斜，不能得到正确的测量结果。此时，要把尺身的基准面贴紧圆柱的端面测量，如图3-9（c）所示，这样就可以用小游标卡尺测量大直径。

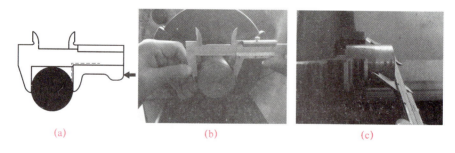

图3-9 小游标卡尺测量大直径外圆的方法

由于下量爪的尖端厚度小，一般在外径测量中容易磨损，故应尽可能用根部测量，尖端用于测量窄槽直径和圆筒的厚度，如图3-10所示。

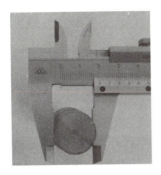

图3-10　合理使用下量爪的尖端

2）上量爪的使用方法

上量爪一般用于测量内孔直径，也可用于长度测量。测量内孔时，上量爪一定要对准孔，平行放置进行测量，并且要尽量深入孔中，同时应使上量爪的背沟槽部分露在外面，使上量爪轻轻放在被测量工件上稍稍转动，然后在游标卡尺不变时读数，如图3-11所示。测量时还应避免搭桥情况出现，如图3-12所示。测量长度时，应使游标卡尺尺身与被测量方向平行，如图3-13所示。

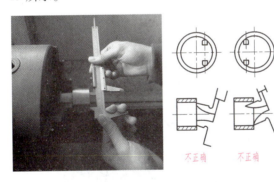

图3-11　内孔直径测量

图3-12　搭桥　　　　图3-13　测量长度时卡尺方向

3）深度尺的使用方法

游标卡尺的深度尺可用于测量孔的深度、台阶、槽深。测量长度超过 300 mm 的游标卡尺几乎都不带深度尺。

测量时，应将深度尺尖端的圆角一侧对准被测物体的圆角。一只手将尺身的深度基准面与被测物体的表面紧贴，用另一只手的大拇指和食指轻轻推动游标滑动，同时使深度尺的尺身与被测物体的表面平行，直至深度尺的尖端与被测物体的台阶面接触。如用力过猛，会损坏深度尺的尖端或工件。如果深度尺倾斜，会导致测量误差。深度尺的使用方法如图 3 – 14、图 3 – 15 所示。

(a)　　　　　　　　　　(b)

图 3 – 14　深度尺的使用方法

(a) 正确；(b) 错误

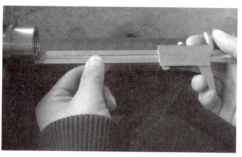

图 3 – 15　深度尺测量内孔长度

2. 注意事项

在使用游标卡尺进行测量时，应注意以下几点：

（1）测量之前用软布将量爪擦拭干净，使其并拢。查看游标和主尺的零刻线是否对齐，若没有对齐，请勿使用；将带表卡尺的指示表盘转到零位，指示表的位置不要随意移动；将数显卡尺的数显清零，严禁强光照射显示屏，以防显示屏老化。

（2）测量工件尺寸时，松紧要适当，不要用力过大，注意保护游标卡尺的上、下量爪。量爪与被测物的接触不宜过紧，以防量爪变形，造成测量误差。避免在量爪内移动夹紧的工件，防止量爪磨损过大而报废。实际测量时，对同一长度应多测几次，取其平均值，以消除偶然误差。

（3）游标卡尺的上、下量爪和深度尺只能用于正常的测量，应尽量避免被用来测量粗糙的物体，以免损坏量爪，不可用于其他用途（如用游标卡尺划线）。

（4）使用过程中，应保证量爪测量面的清洁，以免产生测量误差。

（5）游标卡尺使用完毕后用软布擦拭干净。长期不用时，应涂上黄油或机油，两量爪合拢并拧紧紧固螺钉，放入卡尺盒内盖好，置于干燥地方，防止锈蚀（数显卡尺应避开强磁场使用和存放）。使用时要轻拿轻放，避免碰撞或跌落地下。与其他物件一起放置时，应注意其放置的方式。

（6）不要用电刻笔在数显卡尺上刻字，以防击穿电子线路。

三、游标卡尺的读数原理和读数方法

游标卡尺的读数机构，是由主尺和副尺（又叫游标）两部分组成的。当活动量爪与固定量爪贴合时，副尺上的"0"刻线（简称游标零线）对准主尺上的"0"刻线，此时，量爪间的距离为0。当尺框向右移动到某一位置时，固定量爪与活动量爪之间的距离，就是零件的测量尺寸，此时零件尺寸的整数部分，可在副尺零线左边的主尺刻线上读出，而比1 mm小的小数部分，可借助副尺读数机构读出。

0.02 mm游标卡尺的刻线原理和读数方法见表3－1。

表3－1　0.02 mm游标卡尺刻线原理和读数方法

分度值	刻线原理	读书方法及示例
0.02 mm	主尺1格＝1 mm； 副尺1格＝0.98 mm，共50格； 主尺、副尺每格之差＝1－0.98＝0.02（mm）	读数＝副尺零位指示的主尺整数＋副尺与主尺重合线数×分度值 示例：读数＝33＋16×0.02＝33.32（mm）

任务三　螺旋测微量具

螺旋测微量具是利用螺旋副的运动进行测量和读数的一种测微量具。根据用途不同，可将其分为外径千分尺、内测千分尺和深度千分尺等。

千分尺所使用的螺纹螺距是0.5 mm，与外螺纹直接连接的微分套筒外圆周上的标记为50等分。微分套筒转1周（转动50个标记），测微螺杆移动0.5 mm，旋转1/50，即转动1个标记时，测微螺杆移动0.5 mm×1/50＝0.01 mm。这时，分度值为0.01 mm。固定套筒上下侧均有标尺，上侧是分度值为1 mm的标尺，下侧标尺标记在1 mm分度的中间，

图3-16 千分尺的标尺

表示0.5 mm。微分筒移动50个标记，即转1周时，仅仅移动下侧的0.5 mm标记长度，如图3-16所示。

读数时，以微分套筒的端面为基准线，先读出固定套筒水平横线上方刻度的分度值。如果分度套筒与固定套筒水平横线下方还有一条刻线，则应在上方刻度值的基础上加0.5 mm。再读微分套筒刻度的分度值，读数时应估读到最小刻度的十分之一，即0.001 mm。最后将前面的读数结果相加，即为测量的结果，如图3-17所示。

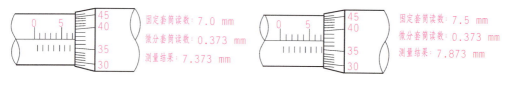

图3-17 千分尺的读数方法

一、外径千分尺

1. 结构与用途

外径千分尺是利用外螺纹（测微螺杆）和内螺纹（微分套筒）配合原理制成的量具，主要用于测量外径和厚度。当外螺纹和内螺纹为单线螺纹时，其旋转1周，测杆移动1个螺距。其结构如图3-18所示。

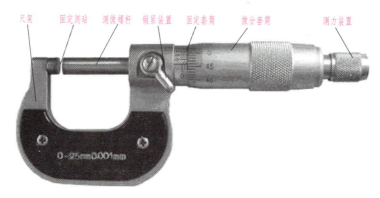

图3-18 外径千分尺结构

2. 使用方法

1）"0"标记线重合检测与调整

千分尺不能总保持在刚买来时的精度，在使用中会出现精度误差。如果"0"标记线不重合，即便正确读出所显示的标尺数值，也不能得到正确的测量结果。因此要定期对其检查，使"0"标记线完全重合一致，以保证千分尺的精度准确。其步骤如下：

① 要保持与被测物接触的固定测砧和测微螺杆的两测量面干净。千分尺最好用鹿皮和纱布擦拭，也可在两测量面之间夹一张干净的纸，把纸轻轻拉出后，两测量面就干净

·20·

了，禁止用手指擦拭测量面，如图 3-19 所示。

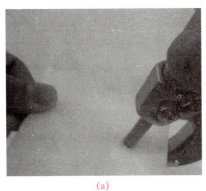

(a)　　　　　　　　　　　　(b)

图 3-19　外径千分尺测量面的清洁
(a) 正确；(b) 错误

② 使千分尺的测量面与标准柱的两端表面接触，如图 3-20 所示（规格≤25 mm 的千分尺可直接使两测量面重合，规格＞25 mm 的千分尺需使用标准柱）。读数时，如果"0"标记线与微分套筒上的水平横线不重合，则应锁紧装置，如图 3-21 所示，再按后面的步骤进行调整。

图 3-20　测量面重合

图 3-21　"0"标记线偏差与锁紧

③ 找到锁紧装置背面固定套筒上的小孔，如图 3-22 所示。

④ 将千分尺所配备的钩形扳手（图3-23）放入小孔之中，转动扳手，如图3-24所示，使固定套筒上的水平横线与"0"标记线重合，并松开锁紧装置，如图3-25所示。

2）小件测量

（1）双手测量。

为了合理控制测量力，使测量值准确，圆形工件一般放在V形架或槽里，如图3-26所示；方形工件一般放在平板上，如图3-27所示。用双手控制千分尺，通过测量装置控制测量力。

图3-22 调整孔

图3-23 钩形扳手

图3-24 "0"标记调整

图3-25 零点重合

图3-26 圆形工件测量

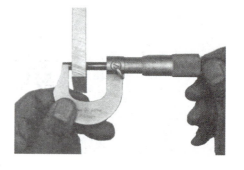

图3-27 方形工件测量

（2）单手测量。

用一只手控制工件，另一只手控制千分尺，如图3-28所示，因手指不易达到测力装置位置，不能通过测量装置控制测量力，所以要求操作者动作熟练并保持正确的测量力。反复训练后方可准确掌握测量力的大小，熟悉后可采用该方法。

3）直接在机床上测量

在机床上直接测量工件的尺寸是操作者最常用的方法。图3-29所示为操作者可能采用的几种测量方法。图3-29（a）左手紧握尺架，容易保持千分尺稳定，视线与标尺标记在一条线上，读数与测量尺寸准确，是最常用的测量方式；图3-29（b）与图3-29（c）左手太靠近测砧一边，不易保持千分尺稳定，而且标尺标记不易与视线在一条线上，读数与测量尺寸不准确，如采用该方式测量，必须克服该测量方式所存在的问题；图3-29（d）左手腕太靠近车床卡盘，十分危险，一般禁止使用。

图3-28 单手测量

3. 使用外径千分尺的注意事项

① 被测表面不得有脏污与油污。

② 测量前，应进行"0"标记线重合检测与调整。

③ 测量时，应使测微螺杆轴线与被测尺寸方向重合。

④ 当两测量面相距较远时，可以通过转动微分套筒来移动测微螺杆；当两测量面将接触时，应通过旋转测量装置移动测微螺杆，当听到测力装置产生打滑的声音时，再转动测力装置1~3转，即可。

⑤ 读数时眼睛的位置要位于标尺的正上方，否则会产生2~3 μm的读数误差。

⑥ 需测量同一表面的多个部位时，不能直接在测量表面上移动量具，应先将量具与被测表面分离，然后再移动量具。

二、内测千分尺

内测千分尺主要用于精度要求较高的孔径的测量，分机械式和数显式两种，常见的内测千分尺有两点接触式和三点接触式，如图3-30所示。其操作和读数方法与外径千分尺基本相同，但标尺与外径千分尺相反。使用方法与用游标卡尺的内测量爪测量内孔直径的方法相同。

三、深度千分尺

深度千分尺分为单体型、数显型与换杆型等，如图3-31所示，读数方法与外径千分尺相同，标尺与外径千分尺相反。深度千分尺用于精度要求较高的孔或槽相对于基面的高度测量。

除了测量前的检测调整与测量力的大小与外径千分尺相同，标尺与外径千分尺相反外，还应注意以下几个方面：

① 先去除被测物基准面的毛刺，再将基准面和基座表面清理干净，不得有尘土、油污等。

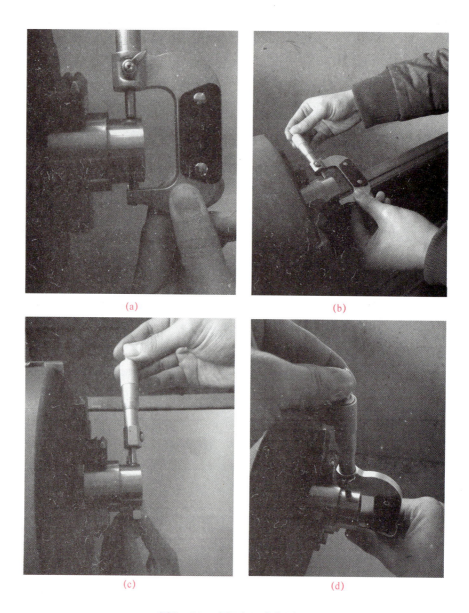

图 3-29 在机床上直接测量
(a) 正确测量方法；(b)、(c) 不推荐测量方法；(d) 错误测量方法

② 当看不到测量面时，应多次移动基座，保证测量杆与测量面正确接触，之后再进行测量。

③ 由于被测物的平面度误差和边沿处偏斜，所以测量值参差不一，要反复测量几次。

④ 用换杆型深度千分尺时，替换杆的基本尺寸为 25 mm，其余替换杆的尺寸是以之为基准、差值为 25 mm 的等差数列。选择好与被测物尺寸相适应的测量杆，清理干净后将其固定在千分尺上。当采用基本尺寸测量杆时，千分尺的读数值即为测量值；当采用其余测量杆时，测量值为：测量杆尺寸 - 25 mm + 千分尺读数值。

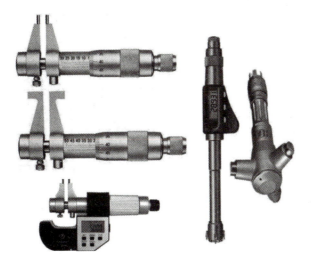

图 3-30　内测千分尺

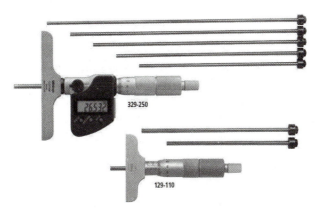

图 3-31　深度千分尺

任务四　量　块

量块是没有刻度的平行端面量具，也称为块规，是用微变形钢（属低合金刀具钢）或陶瓷材料制成的长方体，具有线膨胀系数小、不易变形、耐磨性好等特点。

一、量块的形状

量块经过精密加工很平、很光的两个平行平面，叫作测量面，如图 3-32 所示。两测量面之间的距离为工作尺寸，又称标称尺寸，该尺寸具有很高的精度。当量块的标称尺寸 ≥10 mm 时，其测量面的尺寸为 35 mm×9 mm；当标称尺寸 <10 mm 时，其测量面的尺寸为 30 mm×9 mm。

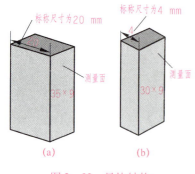

图3-32 量块结构

（a）当标称尺寸≥10 mm时，其测量面尺寸为35 mm×9 mm；（b）当标称尺寸<10 mm时，其测量面尺寸为30 mm×9 mm

二、量块的用途

量块的测量面非常平整和光洁，用少许压力推合两块量块，使它们的测量面紧密接触，两块量块就能黏合在一起。量块的这种特性称为研合性。利用量块的研合性，就可用不同尺寸的量块组合成所需的各种尺寸。量块的应用非常广泛，可用于检测和校准其他量具、量仪。相对测量时，用量块组合成一标准尺寸来调整量具和量仪的零位。量块还可用于精密机床的调整、精密划线和直接测量精密零件等。

三、尺寸系列

在实际生产中，量块是成套使用的，每套包含一定数量的不同标称尺寸的量块，以便组合成各种尺寸，满足一定尺寸范围内的测量需求，如图3-33所示。

图3-33 成套量块

四、量块的尺寸组合及使用方法

量块组合一定尺寸的方法是：先从给定尺寸的最后一位数字考虑，每选一块应使尺寸的位数减少1~2位，量块数要尽可能少，力求不超过4~5块，以减少累积误差。

例3-1 若要组成87.545 mm的量块组，其量块尺寸的选择方法如下：

量块组的尺寸	87.545 mm
选用的第一块量块尺寸	1.005 mm
剩下的尺寸	86.54 mm
选用的第二块量块尺寸	1.04 mm
剩下的尺寸	85.5 mm
选用的第三块量块尺寸	5.5 mm
剩下的即为第四块量块尺寸	80 mm

五、注意事项

① 不能碰伤和划伤量块表面，特别是测量面，要防止腐蚀性气体侵蚀量块，不能用手接触测量面，以免影响量块的组合精度。

② 组合前，应先根据工件尺寸选择好量块，一般不超过 4~5 块。

③ 选好量块后，在组合前要用鹿皮或软绸将各面擦拭干净，用推压的方法逐块研合。研合时应保持动作平稳，以免测量面被量块棱角划伤。

④ 使用后，拆开组合量块，清洗、擦拭干净（钢制量块涂上防锈油）后，装在特制的木盒内。

⑤ 绝不允许将量块结合在一起存放。

同步训练

1. 根据用途不同，游标卡尺分为哪几类？主要用来测量哪些尺寸？
2. 游标卡尺的维护和保养应注意哪些事项？
3. 产生测量误差的因素有哪些？
4. 试分别用 83 块和 46 块一套的量块来组合 88.935 mm 的长度，并分析选用哪一套量块更合理。
5. 读数练习。

（1）

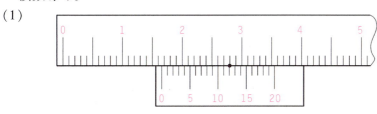

读数_____

（2）

读数_____

（3）

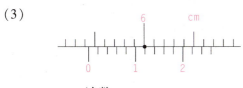

读数_____

(4)

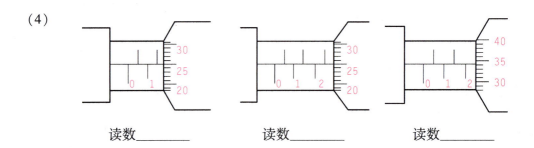

读数_____　　　　读数_____　　　　读数_____

项目四　孔、轴的配合

孔轴配合（包括平行平面的结合）在机械产品中应用非常广泛，机械产品是由很多圆柱或平面形零部件组成的，通过它们的配合可以实现旋转运动、直线平移或传递转矩的目的。根据使用要求的不同，可归纳为以下三类：

（1）用作相对运动副（间隙配合），这种配合类型要求运动精度高且工作灵活，即间隙越小越好，但又要有足够的间隙量，例如滑动轴承、导轨与滑块等。

（2）用作固定连接（过盈配合），这种配合类型要求能够在传递足够的扭矩或轴向力时不打滑，即必须保证有足够的过盈量，例如火车轮毂和轴的配合、涡轮轮毂与轮缘的配合。

（3）用作定心可拆卸（过渡配合），这种类型的配合要求有较高的同轴度并能拆卸，即保证一定的过盈量但过盈量又不能太大，例如齿轮与轴、定位销与定位孔的配合。

学习目标

（1）了解配合的概念，掌握配合的种类及分类标准，并能判断出配合的种类，能利用公式计算出极限量、过盈量。

（2）了解配合公差及计算公式。

任务一　配合的术语及定义

一、配合的概念

基本尺寸相同，相互结合的孔、轴公差带之间的位置关系称为配合。从定义看，相互配合的孔和轴的基本尺寸相同；孔、轴公差带之间的关系决定了配合的松紧程度，即孔、轴的配合性质，如图 4-1 所示。

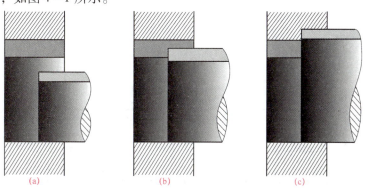

图 4-1　孔轴配合示意图
（1）间隙配合；（2）过渡配合；（3）过盈配合

对孔、轴零件装配来说，所产生的效果有三种：孔 > 轴、孔 < 轴、孔 = 轴，所以就有间隙或过盈存在。间隙或过盈是指孔的尺寸减去相配合的轴的尺寸所得的代数差。

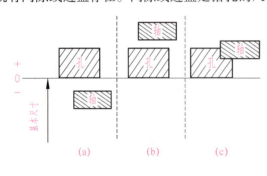

（1）差值为正时，称为间隙，用 X 表示；间隙数值前面应标"＋"号，如 +0.05 mm。

（2）差值为负时，称为过盈，用 Y 表示；过盈数值前面应标"－"号，如 -0.05 mm。

通过公差带图，我们能清楚地看到孔、轴公差带之间的关系。根据其公带位置不同，可分为三种类型：间隙配合、过盈配合和过渡配合，如图 4-2 所示。

图 4-2 孔轴配合关系

(a) 间隙配合；(b) 过盈配合；(c) 过渡配合

二、间隙配合

具有间隙（包括最小间隙为零）的配合称为间隙配合。

（1）孔的公差带在轴的公差带之上，指孔大、轴小的配合；如果是零间隙配合，则在间隙配合中处于最紧状态，如图 4-3 所示。

（2）其特征值是最大间隙 $X_{\max}$ 和最小间隙 $X_{\min}$，最大间隙和最小间隙统称为极限间隙。

$$X_{\max} = D_{\max} - d_{\min} = ES - ei$$
$$X_{\min} = D_{\min} - d_{\max} = EI - es$$

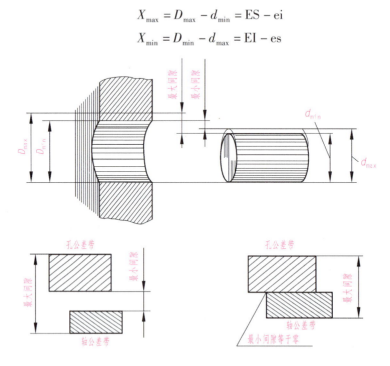

图 4-3 间隙配合示意图

注意：最小的孔与最大的轴的差值为正或零（es ≤ EI），该配合一定为间隙配合。

例 4-1　孔 $\phi 50^{+0.025}_{0}$ mm 与轴 $\phi 50^{-0.025}_{-0.041}$ mm 相配合，试判断其配合性质，如果为间隙配合，请计算其极限间隙。

解　1. 配合性质的判定

方法 1：绘制孔轴公差带图，如图 4-4 所示。

从公差带图可以看出，孔公差带在轴公差带上方，即为间隙配合。

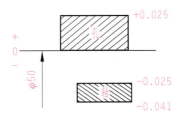

图 4-4　公差带图

方法 2：若为间隙配合，EI ≥ es　EI = 0 > -0.025 = es 满足条件，即为间隙配合。

2. 极限间隙值

$$X_{max} = ES - ei = +0.025 - (-0.041) = +0.066 \text{（mm）}$$

$$X_{min} = EI - es = 0 - (-0.025) = +0.025 \text{（mm）}$$

三、过盈配合

具有过盈（包括最小过盈等于零）的配合称为过盈配合。

（1）孔的公差带在轴的公差带之下，指孔小、轴大的配合，如果是零过盈配合，则在过盈配合中处于最松状态，如图 4-5 所示。

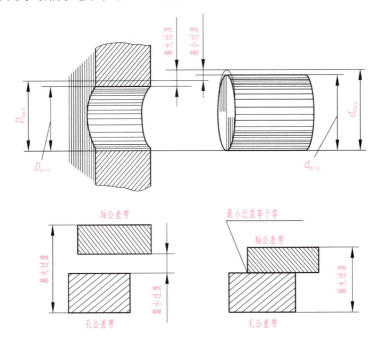

图 4-5　过盈配合示意图

（2）其特征值是最大过盈 Y_{max} 和最小过盈 Y_{min}，最大过盈和最小过盈统称为极限过盈。

$$Y_{max} = D_{min} - d_{max} = EI - es$$

$$Y_{min} = D_{max} - d_{min} = ES - ei$$

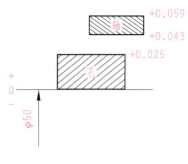

图 4-6 公差带图

注意：最大的孔与最小的轴的差值为负或零（ES≤ei），该配合一定为过盈配合。

例 4-2 孔 $\phi 50^{+0.025}_{\ 0}$ mm 与轴 $\phi 50^{+0.059}_{+0.043}$ mm 相配合，试判断其配合性质，如果为过盈配合，请计算其极限过盈。

解 1. 配合性质的判定

方法 1：绘制孔轴公差带图，如图 4-6 所示。

从公差带图可以看出，孔公差带在轴公差带下方，即为过盈配合。

方法 2：若为过盈配合，ES≤ei ES = +0.025 < +0.043 = ei 满足条件，即为过盈配合。

2. 极限过盈值

$$Y_{max} = EI - es = 0 - (+0.059) = -0.059 \text{（mm）}$$

$$Y_{min} = ES - ei = +0.025 - (+0.043) = -0.018 \text{（mm）}$$

四、过渡配合

可能具有间隙也可能具有过盈的配合称为过渡配合。

（1）孔的公差带与轴的公差带相互重叠，如图 4-7 所示。

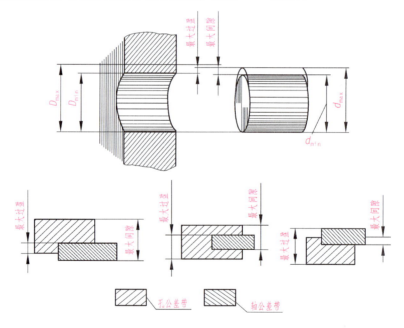

图 4-7 过渡配合示意图

（2）其特征值是最大间隙 X_{max} 和最大过盈 Y_{max}。

$$X_{max} = D_{max} - d_{min} = ES - ei$$

$$Y_{max} = D_{min} - d_{max} = EI - es$$

注意：es≤EI，ES≤ei 两式均不成立，即该配合性质既有间隙配合的特性又有过盈配合的特性。

例 4-3 孔 $\phi 50^{+0.025}_{0}$ mm 与轴 $\phi 50^{+0.018}_{+0.002}$ mm 相配合，试判断其配合性质，如果为过渡配合，请计算其最大间隙和最大过盈。

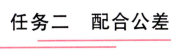

图 4-8 公差带图

解 1. 配合性质的判定

方法 1：绘制孔轴公差带图，如图 4-8 所示。

从公差带图可以看出，孔公差带和轴公差带相交叠，即为过渡配合。

方法 2：若为过渡配合，es≤EI，ES≤ei 两式均不成立，es = +0.018 > 0 = EI，ES = +0.025 > +0.002 = ei 均不成立，即为过渡配合。

2. 最大间隙和最大过盈值

$$X_{max} = ES - ei = +0.025 - (+0.002) = +0.023 \text{（mm）}$$

$$Y_{max} = EI - es = 0 - (+0.018) = -0.018 \text{（mm）}$$

任务二 配合公差

配合公差是指允许间隙或过盈的变动量。

（1）在数值上，它是一个没有正、负号，也不能为零的绝对值。

它的数值用公式表示为：

对于间隙配合 $T_f = | X_{max} - X_{min} |$

对于过盈配合 $T_f = | Y_{min} - Y_{max} |$

对于过渡配合 $T_f = | X_{max} - Y_{max} |$

（2）三类配合的配合公差的共同公式为

$$T_f = T_h + T_s$$

上式表明：配合精度（配合公差）取决于相互配合的孔与轴的尺寸精度（尺寸公差），设计时，可根据配合公差来确定孔与轴的公差。

例 4-4 求例 4-1、例 4-2、例 4-3 的配合公差。

解 方法 1：例 4-1，$T_f = | X_{max} - X_{min} | = | (+0.066) - (+0.025) | = 0.041$（mm）

例 4-2，$T_f = | Y_{min} - Y_{max} | = | (-0.018) - (-0.059) | = 0.041$（mm）

例 4-3，$T_f = | X_{max} - Y_{max} | = | (+0.023) - (-0.018) | = 0.041$（mm）

方法 2：例 4-1，$T_f = T_h + T_s = | ES - EI | + | es - ei | = | (+0.025) - 0 | + | (-0.025) - (-0.041) | = 0.041$（mm）

例 4-2，$T_f = T_h + T_s = | ES - EI | + | es - ei | = | (+0.025) - 0 | + | (+0.059) - (+0.043) | = 0.041$（mm）

例 4-3，$T_f = T_h + T_s = | ES - EI | + | es - ei | = | (+0.025) - 0 | + | (+0.018) - (+0.002) | = 0.041$（mm）

同步训练

1. 什么是配合？配合如何分类？

2. $\phi 30^{+0.027}_{0}$ mm 的孔与 $\phi 30^{-0.015}_{-0.031}$ mm 的轴相配合，试判断其配合性质，如果为间隙配合，请计算其极限间隙。

3. $\phi 40^{+0.027}_{0}$ mm 的孔与 $\phi 40^{+0.037}_{+0.029}$ mm 的轴相配合，试判断其配合性质，如果为过盈配合，请计算其极限过盈。

4. $\phi 60^{+0.027}_{0}$ mm 的孔与 $\phi 60^{+0.017}_{-0.004}$ mm 的轴相配合，试判断其配合性质，如果为过渡配合，请计算其极限间隙或极限过盈。

5. 什么是配合公差？

6. 一相配合的孔和轴，孔尺寸为 $\phi 30^{+0.027}_{+0.012}$ mm，轴尺寸为 $\phi 30 \pm 0.010$ mm，试判断其配合性质，并求出极限间隙或极限过盈，孔、轴的公差，并画出公差带图。

7. 有一基本尺寸为 100 mm 基孔制同级配合的孔轴，已知配合公差 $T_f = 0.174$ mm，$X_{max} = +0.294$ mm，试求：

（1）该配合孔轴的极限偏差、公差；

（2）判断配合性质；

（3）求出另一极限盈隙；

（4）作出其尺寸公差带图和配合公差带图。

8. 已知相配合的孔和轴的基本尺寸为 50 mm，轴的基本偏差代号为 g，公差等级为 7 级，孔的基本偏差代号为 H，公差等级为 8 级。已知：基本尺寸为 50 mm 时，IT7 = 0.025 mm，IT8 = 0.039 mm；基本尺寸为 50 mm 时，基本差代号 H 为下偏差，EI = 0；基本偏差代号 g 为上偏差，es = -0.009 mm 求：

（1）孔、轴的极限尺寸。

（2）判断配合性质，若是间隙配合，试求最大间隙；若是过盈配合，试求最小过盈；若是过渡配合，试求最大间隙和最大过盈。

（3）求该配合的配合公差。

项目五 极限与配合标准的基本规定

为了满足各种机械的使用要求,国家标准规定了不同性质的配合。改变孔和轴的公差带位置可以得到很多种配合,为便于现代化生产,简化了标准,而这些标准就是加工生产的依据,标准规定了两种配合制:基孔制和基轴制。比如在平键、半圆键等键连接中,由于键是标准件,所以键与键槽的配合应采用基轴制;在滚动轴承外圈与箱体孔的配合中应采用基轴制,而滚动轴承内圈与轴的配合中应采用基孔制。在装配中,当两结合零件有配合要求时,应在零件图中注出相应的配合代号。在通常加工条件下可以保证的公差则用一般公差来表达。

学习目标

(1)掌握标准公差与基本偏差的概念。
(2)能独立查阅标准公差表、基本偏差表及极限偏差表。
(3)掌握基孔制与基轴制的概念。
(4)掌握公差带代号与配合代号。
(5)了解线性尺寸的未注公差。

任务一 标准公差与基本偏差

一、标准公差

标准公差:《极限与配合》标准已对公差值进行了标准化,标准中所规定的任一公差称为标准公差。

标准公差系列:由若干标准公差所组成的系列称为标准公差系列。

标准公差的数值与两个因素有关:标准公差等级和基本尺寸分段,见表5-1。

1. 公差等级

(1)公差等级定义:确定尺寸精确程度的等级称为公差等级。

(2)公差等级系列:IT01,IT0,IT1,…,IT18,共20级。其中IT01精度最高,IT18精度最低。各级代号由字母IT与阿拉伯数字两部分组成,IT——标准公差,阿拉伯数字——公差等级。

(3)公差等级标准规定:同一公差等级对所有基本尺寸的一组公差被认为具有同等精度。

表 5-1 标准公差等级

基本尺寸 /mm		标准公差等级																	
		IT1	IT2	IT3	IT4	IT5	IT6	IT7	IT8	IT9	IT10	IT11	IT12	IT13	IT14	IT15	IT16	IT17	IT18
大于	至	μm											mm						
—	3	0.8	1.2	2.0	3	4	6	10	14	25	40	60	0.1	0.14	0.25	0.40	0.60	1.0	1.4
3	6	1.0	1.5	2.5	4	5	8	12	18	30	48	75	0.12	0.18	0.30	0.48	0.75	1.2	1.8
6	10	1.0	1.5	2.5	4	6	9	15	22	36	58	90	0.15	0.22	0.36	0.58	0.90	1.5	2.2
10	18	1.2	2.0	3.0	5	8	11	18	27	43	70	110	0.18	0.27	0.43	0.70	1.10	1.8	2.7
18	30	1.5	2.5	4.0	6	9	13	21	33	52	84	130	0.21	0.33	0.52	0.84	1.30	2.1	3.3
30	50	1.5	2.5	4.0	7	11	16	25	39	62	100	160	0.25	0.39	0.62	1.00	1.60	2.5	3.9
50	80	2.0	3.0	5.0	8	13	19	30	46	74	120	190	0.30	0.46	0.74	1.20	1.90	3.0	4.6
80	120	2.5	4.0	6.0	10	15	22	35	54	87	140	220	0.35	0.54	0.87	1.40	2.20	3.5	5.4
120	180	3.5	5.0	8.0	12	18	25	40	63	100	160	250	0.40	0.63	1.00	1.60	2.50	4.0	6.3
180	250	4.5	7.0	10.0	14	20	29	46	72	115	185	290	0.46	0.72	1.15	1.85	2.90	4.6	7.2
250	315	6.0	8.0	12.0	16	23	32	52	81	130	210	320	0.52	0.81	1.30	2.10	3.20	5.2	8.1
315	400	7.0	9.0	13.0	18	25	36	57	89	140	230	360	0.57	0.89	1.40	2.30	3.60	5.7	8.9
400	500	8.0	10.0	15.0	20	27	40	63	97	155	250	400	0.63	0.97	1.55	2.50	4.00	6.3	9.7
500	630	9.0	11.0	16.0	22	32	44	70	110	175	280	440	0.70	1.10	1.75	2.80	4.40	7.0	11.0
630	800	10.0	13.0	18.0	25	36	50	80	125	200	320	500	0.80	1.25	2.00	3.20	5.00	8.0	12.5
800	1 000	11.0	15.0	21.0	28	40	56	90	140	230	360	560	0.90	1.40	2.30	3.60	5.60	9.0	14.0
1 000	1 250	13.0	18.0	24.0	33	47	66	105	165	260	420	660	1.05	1.65	2.60	4.20	6.60	10.5	16.5
1 250	1 600	15.0	21.0	29.0	39	55	78	125	195	310	500	780	1.25	1.95	3.10	5.00	7.80	12.5	19.5
1 600	2 000	18.0	25.0	35.0	46	65	92	150	230	370	600	920	1.50	2.30	3.70	6.00	9.20	15.0	23.0
2 000	2 500	22.0	30.0	41.0	55	78	110	175	280	440	700	1 100	1.75	2.80	4.40	7.00	11.00	17.5	28.0
2 500	3 150	26.0	36.0	50.0	68	96	135	210	330	540	860	1 350	2.10	3.30	5.40	8.60	13.50	21.0	33.0

注:1. 基本尺寸大于 500 mm 时,IT1 至 IT5 的标准公差数值为试行。
   2. 基本尺寸小于等于 1 mm 时,无 IT14 至 IT18。

(4) 同一基本尺寸的孔与轴,其标准公差数值的大小应随公差等级的高低而不同。等级高,公差值小;等级低,公差值大。这是因为,标准公差的数值,一是与公差等级有关,二是与基本尺寸有关。

(5) 公差等级越高,零件的精度越高,使用性能提高,但加工难度大,生产成本高;公差等级越低,零件的精度越低,使用性能降低,但加工难度减小,生产成本低。在实际生产应用中,要同时考虑零件的使用要求和加工的经济性能这两个因素,合理确定公差等级。

2. 基本尺寸分段

（1）标准公差数值不仅与公差等级有关，还与基本尺寸有关。

（2）基本尺寸可分为主段落和中间段落。

（3）将至 3 150 mm 的基本尺寸分为 21 个主段落，将至 500 mm 的常用尺寸段分为 13 个主段落。

（4）主段落用于标准公差中的基本尺寸分段，中间段落用于基本偏差中的基本尺寸分段，见表 5－2。

（5）同一公差等级的不同尺寸段，其标准公差值不相等，但其精确程度和加工难易程度应理解为相同。反之，其公差值相等时，其加工程度不一定相同。

（6）考虑到基本尺寸的因素，不能以公差值的大小来判断零件精度的高低，而应以公差等级作为判断的依据。

表 5－2　基本尺寸分段　　　　　　　　　　　　　　　　mm

主段落		中间段落		主段落		中间段落	
大于	至	大于	至	大于	至	大于	至
—	3	无细分段		250	315	250 280	280 315
3	6			315	400	315 355	355 400
6	10			400	500	400 450	450 500
10	18	10 14	14 18	500	630	500 560	560 630
18	30	18 24	24 30	630	800	630 710	710 800
30	50	30 40	40 50	800	1 000	800 900	900 1 000
50	80	50 65	65 80	1 000	1 250	1 000 1 120	1 120 1 250
80	120	80 100	100 120	1 250	1 600	1 250 1 400	1 400 1 600
120	180	120 140 160	140 160 180	1 600	2 000	1 600 1 800	1 800 2 000
180	250	180 200 225	200 225 250	2 000	2 500	2 000 2 240	2 240 2 500
				2 500	3 150	2 500 2 800	2 800 3 150

二、基本偏差

用以确定公差带相对零线位置的上偏差或下偏差称为基本偏差。

1. 基本偏差代号

基本偏差代号用拉丁字母表示，大写代表孔的基本偏差，小写代表轴的基本偏差。除去易与其他代号混的 I，L，O，Q，W（i，l，o，q，w）5 个字母外，再加上用 CD，EF，FG，ZA，ZB，ZC，JS（cd，ef，fg，za，zb，zc，js）两个字母表示的 7 个代号，共有 28 个代号，即孔和轴各有 28 个基本偏差。

2. 基本偏差系列图及特征

图 5-1 所示为基本偏差系列图。

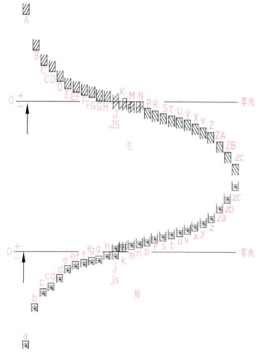

图 5-1 基本偏差系列图

从基本偏差系列图可以看出：

（1）孔与轴同字母的基本偏差基本相对零线呈对称分布。

轴：a 至 h 基本偏差为上偏差 es，h 的上偏差为零，其余均为负值，绝对值依次逐渐减小；j 至 zc 基本偏差为下偏差 ei，除 j 和 k 的部分外都为正值，其绝对值依次逐渐增大。

孔：A 至 H 基本偏差为下偏差 EI，J 至 ZC 为上偏差 ES。

（2）代号 JS 和 js，在各公差等级中完全对称。

（3）代号 K，k，N 它们随公差等级不同而有两种基本偏差数据值；M 有三种不同的情况（正值、负值或零值）。

（4）基本偏差系列图中，仅绘出了公差带一端的界线，而公差带另一端的界线未绘出。它将取决于公差带的标准公差等级和这个基本偏差的组合。

3. 基本偏差数值

通用规则：轴的基本偏差数值是直接利用公式计算而得的，孔的基本偏差数值一般情况下可以按公式直接计算而得。

特殊规则：有些代号孔的基本偏差数值在某些尺寸段和标准公差等级时，必须在公式计算的结果上附加一个 Δ 值。

从表 5-3 和表 5-4 中可以看出，孔和轴的基本偏差除从系列图中反映出的上述特征外，还具有如下特点：

（1）孔的基本偏差 P 至 ZC 中，当公差等级分别为 ≤7 及 >7 时，其基本偏差数值不同，两者相差一个 Δ 值。

（2）在 >500 至 3 150 mm 的大尺寸段中，只给出部分基本偏差数值。如轴为 d，e，f，g，h，js，k，m，n，p，r，s，t，u；孔为 D，E，F，G，H，JS，K，M，N，P，R，S，T，U。

表 5-3 轴的基本偏差数值表

基本偏差数值/μm

基本尺寸 /mm		上偏差 es 所有标准公差等级											下偏差 ei															
													IT5 和 IT6	IT7	IT8	IT4 至 IT7 ≤IT3		>IT7	所有标准公差等级									
大于	至	a	b	c	cd	d	e	ef	f	fg	g	h	j	j	j	k	k	m	n	p	r	s	t	u	v	x	y	z	za	zb	zc
—	3	−270	−140	−60	−34	−20	−14	−10	−6	−4	−2	0	−2	−4	−6	0	0	+2	+4	+6	+10	+14		+18		+20		+26	+32	+40	+60
3	6	−270	−140	−70	−46	−30	−20	−14	−10	−6	−4	0	−2	−4		+1	0	+4	+8	+12	+15	+19		+23		+28		+35	+42	+50	+80
6	10	−280	−150	−80	−56	−40	−25	−18	−13	−8	−5	0	−2	−5		+1	0	+6	+10	+15	+19	+23		+28		+34		+42	+52	+67	+97
10	14	−290	−150	−95		−50	−32		−16		−6	0	−3	−6		+1	0	+7	+12	+18	+23	+28		+33		+40		+50	+64	+90	+130
14	18	−290	−150	−95		−50	−32		−16		−6	0	−3	−6		+1	0	+7	+12	+18	+23	+28		+33	+39	+45		+60	+77	+108	+150
18	24	−300	−160	−110		−65	−40		−20		−7	0	−4	−8		+2	0	+8	+15	+22	+28	+35		+41	+47	+54	+63	+73	+98	+136	+188
24	30	−300	−160	−110		−65	−40		−20		−7	0	−4	−8		+2	0	+8	+15	+22	+28	+35	+41	+48	+55	+64	+75	+88	+118	+160	+218
30	40	−310	−170	−120		−80	−50		−25		−9	0	−5	−10		+2	0	+9	+17	+26	+34	+43	+48	+60	+68	+80	+94	+112	+148	+200	+274
40	50	−320	−180	−130		−80	−50		−25		−9	0	−5	−10		+2	0	+9	+17	+26	+34	+43	+54	+70	+81	+97	+114	+136	+180	+242	+325
50	65	−340	−190	−140		−100	−60		−30		−10	0	−7	−12		+2	0	+11	+20	+32	+41	+53	+66	+87	+102	+122	+144	+172	+226	+300	+405
65	80	−360	−200	−150		−100	−60		−30		−10	0	−7	−12		+2	0	+11	+20	+32	+43	+59	+75	+102	+120	+146	+174	+210	+274	+360	+480
80	100	−380	−220	−170		−120	−72		−36		−12	0	−9	−15		+3	0	+13	+23	+37	+51	+71	+91	+124	+146	+178	+214	+258	+335	+445	+585
100	120	−410	−240	−180		−120	−72		−36		−12	0	−9	−15		+3	0	+13	+23	+37	+54	+79	+104	+144	+172	+210	+254	+310	+400	+525	+690
120	140	−460	−260	−200		−145	−85		−43		−14	0	−11	−18		+3	0	+15	+27	+43	+63	+92	+122	+170	+202	+248	+300	+365	+470	+620	+800
140	160	−520	−280	−210		−145	−85		−43		−14	0	−11	−18		+3	0	+15	+27	+43	+65	+100	+134	+190	+228	+280	+340	+415	+535	+700	+900
160	180	−580	−310	−230		−145	−85		−43		−14	0	−11	−18		+3	0	+15	+27	+43	+68	+108	+146	+210	+252	+310	+380	+465	+600	+780	+1000
180	200	−660	−340	−240		−170	−100		−50		−15	0	−13	−21		+4	0	+17	+31	+50	+77	+122	+166	+236	+284	+350	+425	+520	+670	+880	+1150
200	225	−740	−380	−260		−170	−100		−50		−15	0	−13	−21		+4	0	+17	+31	+50	+80	+130	+180	+258	+310	+385	+470	+575	+740	+960	+1250
225	250	−820	−420	−280		−170	−100		−50		−15	0	−13	−21		+4	0	+17	+31	+50	+84	+140	+196	+284	+340	+425	+520	+640	+820	+1050	+1350
250	280	−920	−480	−300		−190	−110		−56		−17	0	−16	−26		+4	0	+20	+34	+56	+94	+158	+218	+315	+385	+475	+580	+710	+920	+1200	+1550
280	315	−1050	−540	−330		−190	−110		−56		−17	0	−16	−26		+4	0	+20	+34	+56	+98	+170	+240	+350	+425	+525	+650	+790	+1000	+1300	+1700

续表

基本尺寸 /mm		a	b	c	cd	d	e	ef	f	fg	g	h	js			j		k		m	n	p	r	s	t	u	v	x	y	z	za	zb	zc
		上偏差 es														基本偏差数值/μm								下偏差 ei									
		所有标准公差等级											IT5 和 IT6	IT7	IT8	IT4 至 IT7	≤IT3 >IT7		所有标准公差等级													
大于	至																															
315	355	-1200	-600	-360		-210	-125		-62		-18	0	-18	-28		+4	0	+21	+37	+62	+108	+190	+268	+390	+475	+590	+730	+910	+1150	+1500	+1900
355	400	-1350	-680	-400																	+114	+208	+294	+435	+530	+660	+820	+1000	+1300	+1650	+2100
400	450	-1500	-760	-440		-230	-135		-68		-20	0	-20	-32		+5	0	+23	+40	+68	+126	+232	+330	+490	+595	+740	+920	+1100	+1450	+1850	+2400
450	500	-1650	-840	-480																	+132	+252	+360	+540	+660	+820	+1000	+1250	+1600	+2100	+2600
500	560					-260	-145		-76		-22	0				0	0	+26	+44	+78	+150	+280	+400	+600							
560	630																				+155	+310	+450	+660							
630	710					-290	-160		-80		-24	0				0	0	+30	+50	+88	+175	+340	+500	+740							
710	800																				+185	+380	+560	+840							
800	900					-320	-170		-86		-26	0				0	0	+34	+56	+100	+210	+430	+620	+940							
900	1000																				+220	+470	+680	+1050							
1000	1120					-350	-195		-98		-28	0				0	0	+40	+66	+120	+250	+520	+780	+1150							
1120	1250																				+260	+580	+840	+1300							
1250	1400					-390	-220		-110		-30	0				0	0	+48	+78	+140	+300	+640	+960	+1450							
1400	1600																				+330	+720	+1050	+1600							
1600	1800					-430	-240		-120		-32	0				0	0	+58	+92	+170	+370	+820	+1200	+1850							
1800	2000																				+400	+920	+1350	+2000							
2000	2240					-480	-260		-130		-34	0				0	0	+68	+110	+195	+440	+1000	+1500	+2300							
2240	2500																				+460	+1100	+1650	+2500							
2500	2800					-520	-290		-145		-38	0				0	0	+76	+135	+240	+550	+1250	+1900	+2900							
2800	3150																				+580	+1400	+2100	+3200							

注:1. 基本尺寸小于或等于1 mm时,基本偏差 a 和 b 均不采用。
2. 公差带 js7 至 js11,若 ITn 值数是奇数,取偏差 = ±(ITn − 1)/2。

表 5-4 孔的基本偏差数值表

基本尺寸/mm		下偏差 EI/μm 所有标准公差等级											上偏差 ES/μm																						Δ值/μm 标准公差等级						
		A	B	C	CD	D	E	EF	F	FG	G	H	JS	J			K		M		N		P~ZC	P	R	S	T	U	V	X	Y	Z	ZA	ZB	ZC							
														IT6	IT7	IT8	≤IT8	>IT8	≤IT8	>IT8	≤IT8	>IT8	≤IT7	>IT7	标准公差等级大于IT7											IT3	IT4	IT5	IT6	IT7	IT8
大于	至																																									
—	3	+270	+140	+60	+34	+20	+14	+10	+6	+4	+2	0	偏差=±IT/2	+2	+4	+6	0	0	-2	-2	-4	-4		-6	-10	-14		-18		-20		-26	-32	-40	-60	0	0	0	0	0	0
3	6	+270	+140	+70	+46	+30	+20	+14	+10	+6	+4	0		+5	+6	+10	-1+Δ		-4+Δ	-4	-8+Δ	0		-12	-15	-19		-23		-28		-35	-42	-50	-80	1	1.5	1	3	4	6
6	10	+280	+150	+80	+56	+40	+25	+18	+13	+8	+5	0		+5	+8	+12	-1+Δ		-6+Δ	-6	-10+Δ	0		-15	-19	-23		-28		-34		-42	-52	-67	-97	1	1.5	2	3	6	7
10	14	+290	+150	+95		+50	+32		+16		+6	0		+6	+10	+15	-2+Δ		-7+Δ	-7	-12+Δ	0		-18	-23	-28		-33		-40		-50	-64	-90	-130	1	2	3	3	7	9
14	18																												-39	-45		-60	-77	-108	-150						
18	24	+300	+160	+110		+65	+40		+20		+7	0		+8	+12	+20	-2+Δ		-8+Δ	-8	-15+Δ	0		-22	-28	-35	-41	-41	-47	-54	-63	-73	-98	-136	-188	1.5	2	3	4	8	12
24	30																											-48	-55	-64	-75	-88	-118	-160	-218						
30	40	+310	+170	+120		+80	+50		+25		+9	0		+10	+14	+24	-2+Δ		-9+Δ	-9	-17+Δ	0		-26	-34	-43	-48	-60	-68	-80	-94	-112	-148	-200	-274	1.5	3	4	5	9	14
40	50	+320	+180	+130																							-54	-70	-81	-97	-114	-136	-180	-242	-325						
50	65	+340	+190	+140		+100	+60		+30		+10	0		+13	+18	+28	-2+Δ		-11+Δ	-11	-20+Δ	0		-32	-41	-53	-66	-87	-102	-122	-144	-172	-226	-300	-405	2	3	5	6	11	16
65	80	+360	+200	+150																					-43	-59	-75	-102	-120	-146	-174	-210	-274	-360	-480						
80	100	+380	+220	+170		+120	+72		+36		+12	0		+16	+22	+34	-3+Δ		-13+Δ	-13	-23+Δ	0		-37	-51	-71	-91	-124	-146	-178	-214	-258	-335	-445	-585	2	4	5	7	13	19
100	120	+410	+240	+180																					-54	-79	-104	-144	-172	-210	-254	-310	-400	-525	-690						
120	140	+460	+260	+200		+145	+85		+43		+14	0		+18	+26	+41	-3+Δ		-15+Δ	-15	-27+Δ	0		-43	-63	-92	-122	-170	-202	-248	-300	-365	-415	-535	-700	-800	3	4	6	7	15	23
140	160	+520	+280	+210																					-65	-100	-134	-190	-228	-280	-340	-415	-465	-600	-780	-900						
160	180	+580	+310	+230																					-68	-108	-146	-210	-252	-310	-380	-465	-520	-670	-880	-1000						
180	200	+660	+340	+240		+170	+100		+50		+15	0		+22	+30	+47	-4+Δ		-17+Δ	-17	-31+Δ	0		-50	-77	-122	-166	-236	-284	-350	-425	-520	-575	-740	-960	-1150	3	4	6	9	17	26
200	225	+740	+380	+260																					-80	-130	-180	-258	-310	-385	-470	-575	-640	-820	-1050	-1250						
225	250	+820	+420	+280																					-84	-140	-196	-284	-340	-425	-520	-640	-710	-920	-1200	-1350						
250	280	+920	+480	+300		+190	+110		+56		+17	0		+25	+36	+55	-4+Δ		-20+Δ	-20	-34+Δ	0		-56	-94	-158	-218	-315	-385	-475	-580	-710	-790	-1000	-1300	-1550	4	4	7	9	20	29
280	315	+1050	+540	+330																					-98	-170	-240	-350	-425	-525	-650	-790	-900	-1150	-1500	-1700						

续表

基本尺寸/mm		下偏差 EI/μm 所有标准公差等级											基本偏差数值/μm							上偏差 ES/μm 标准公差等级大于 IT7											Δ值/μm 标准公差等级						
大于	至	A	B	C	CD	D	E	EF	F	FG	G	H	JS	J IT6	J IT7	J IT8	K ≤IT8	K >IT8	M ≤IT8	M >IT8	N ≤IT8	N >IT8	P~ZC ≤IT7	P	R	S	T	U	V	X	Y	Z	ZA	ZB	ZC	IT3	IT4	IT5	IT6	IT7	IT8
315	355	+1 200	+600	+360		210	125		62		18	0		29	39	60	−4+Δ		−21+Δ	−21	−37+Δ	0	在大于IT7的相应数值上增加一个Δ值	−62	−108	−190	−268	−390	−425	−590	−730	−910	−1 150	−1 500	−1 900	4	5	7	11	21	32
355	400	+1 350	+680	+400																					−114	−208	−294	−435	−530	−660	−820	−1 000	−1 300	−1 650	−2 100						
400	450	+1 500	+760	+440		+230	+135		+68		+20	0		+33	+43	+66	−5+Δ		−23+Δ	−23	−40+Δ	0		−68	−126	−232	−330	−490	−595	−740	−920	−1 100	−1 450	−1 850	−2 400	5	5	7	13	23	34
450	500	+1 650	+840	+480																					−132	−252	−360	−540	−660	−820	−1 000	−1 250	−1 600	−2 100	−2 600						
500	560					+260	+145		+76		+22	0					0		−26		−44			−78	−150	−280	−400	−600													
560	630																								−155	−310	−450	−660													
630	710					+290	+160		+80		+24	0					0		−30		−50			−88	−175	−340	−500	−740													
710	800																								−185	−380	−560	−840													
800	900					+320	+170		+86		+26	0					0		−34		−56			−100	−210	−430	−620	−940													
900	1 000													见注											−220	−470	−680	−1 050													
1 000	1 120					+350	+195		+98		+28	0					0		−40		−66			−120	−250	−520	−780	−1 150													
1 120	1 250																								−260	−580	−840	−1 300													
1 250	1 400					+390	+220		+110		+30	0					0		−48		−78			−140	−300	−640	−960	−1 450													
1 400	1 600																								−330	−720	−1 050	−1 600													
1 600	1 800					+430	+240		+120		+32	0					0		−58		−92			−170	−370	−820	−1 200	−1 850													
1 800	2 000																								−400	−920	−1 350	−2 000													
2 000	2 240					+480	+260		+130		+34	0					0		−68		−110			−195	−440	−1 000	−1 500	−2 300													
2 240	2 500																								−460	−1 100	−1 650	−2 500													
2 500	2 800					+520	+290		+145		+38	0					0		−76		−135			−240	−550	−1 250	−1 900	−2 900													
2 800	3 150																								−580	−1 400	−2 100	−3 200													

三、另一极限偏差的确定

对于孔：EI = ES − IT，   ES = EI + IT

对于轴：ei = es − IT，   es = ei + IT

例 5 − 1 已知 $\phi 8e7$，查标准公差和基本偏差，并计算另一极限偏差。

解 从表 5 − 3 中可查：

$$es = -25 \ \mu m = -0.025 \ mm$$

从表 5 − 1 中查得：

$$IT7 = 15 \ \mu m = 0.015 \ mm$$

ei = es − IT7 = −0.025 − 0.015 = −0.040（mm）

例 5 − 2 已知相配合的孔和轴，其基本尺寸为 25 mm，其孔的基本偏差代号为 H，公差等级为 8 级，轴的基本偏差代号为 f，公差等级为 7 级。查表确定孔、轴的标准公差和基本偏差数值，并计算另一极限偏差和极限尺寸，画出公差带图，求配合的极限间隙或极限过盈及配合公差。

解 从表 5 − 1 得：

$$IT7 = 21 \ \mu m = 0.021 \ mm$$
$$IT8 = 33 \ \mu m = 0.033 \ mm$$

查表 5 − 4 得： EI = 0

所以 ES = EI + IT = 0 + 0.033 = +0.033（mm）

$$D_{max} = D + ES = 25 + 0.033 = 25.033 \ (mm)$$
$$D_{min} = D + EI = 25 + 0 = 25 \ (mm)$$

可写成 $\phi 25^{+0.033}_{\ 0}$。

查表 5 − 3 得：

$$es = -20 \ \mu m = -0.020 \ mm$$

所以 ei = es − IT = −0.020 − 0.021 = −0.041（mm）

可写成 $\phi 25^{-0.020}_{-0.041}$。

$$d_{max} = d + es = 25 + (-0.020) = 24.980 \ (mm)$$
$$d_{min} = d + ei = 25 + (-0.041) = 24.959 \ (mm)$$

由于孔的下偏差为零，且 EI > es，所以此配合为基孔制间隙配合。

$$X_{max} = ES - ei = 0.033 - (-0.041) = +0.074 \ (mm)$$
$$X_{min} = EI - es = 0 - (-0.020) = +0.020 \ (mm)$$
$$T_f = |X_{max} - X_{min}| = 0.074 - 0.020 = 0.054 \ (mm)$$

或

$$T_f = T_h + T_s = 0.033 + 0.021 = 0.054 \ (mm)$$

任务二 基准制

一、基准制概述

极限与配合制度中规定了松紧不同的配合，以满足各类机器零件配合性质的要求，实现孔、轴的三种配合。国标对组成配合的原则规定了两种基准制：基孔制和基轴制。

1. 基孔制配合

定义：基本偏差为一定的孔的公差带与不同基本偏差的轴的公差带形成各种配合的一种制度称为基孔制。

基准孔：基孔制配合中选作基准的孔称为基准孔，基本偏差为下偏差，其数值为零，代号为"H"，上偏差为正值，即其公差带在零线上侧，且上偏差用两条虚线段画出，以表示其公差带的变动范围。

根据图 5–2，分析可得：

① 当轴的基本偏差为上偏差，且≤0 时，为间隙配合。

② 当轴的基本偏差为下偏差 >0 时：

孔与轴的公差带相交叠，为过渡配合；

孔与轴的公差带错开，为过盈配合。

2. 基轴制配合

定义：基本偏差为一定的轴的公差带，与不同基本偏差的孔的公差带形成各种配合的一种制度，称为基轴制。

基准轴：基轴制配合中选作基准的轴称为基准轴。基本偏差为上偏差，其数值为零，下偏差为负值，即基准轴的公差带在零线的下侧，且下偏差用两条虚线段画出。

根据图 5–3，分析可得：

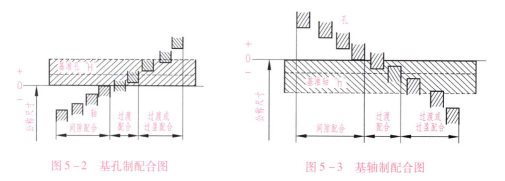

图 5–2　基孔制配合图　　　　图 5–3　基轴制配合图

① 当孔的基本偏差为下偏差时，为间隙配合。

② 当孔的基本偏差为上偏差 <0 时：

孔与轴的公差带交叠，为过渡配合；

孔与轴的公差错开时，为过盈配合。

二、公差带代号与配合代号

1. 公差带代号

1）公差带代号的组成

孔、轴公差带代号由基本偏差代号与公差等级代号组成。

例 5-3 孔公差带代号 $\phi40H6$ 的含义如下：

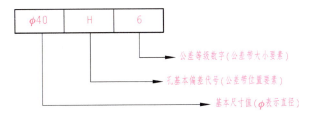

例 5-4 轴公差带代号 $\phi50za6$ 的含义如下：

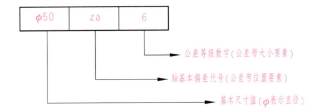

2）公差带在图样上的标注

公差带在图样有三种标注方法，如图 5-4 所示。

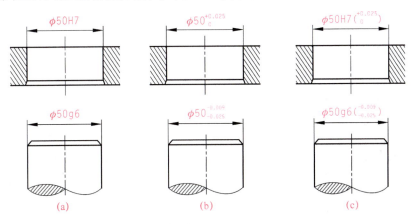

图 5-4 公差带标注方法

2. 公差带系列

GB/T 1800.1—2009《极限与配合第1部分：公差、偏差和配合的基础》中规定了20种公差等级及孔、轴28种基本偏差，这样，孔可组成543种公差带，轴可组成544种公差带。

在常用尺寸段，GB/T 1801—2009《极限与配合公差带和配合的选择》根据我国工业生产的实际需要，考虑今后的发展，规定了一般、常用和优先孔公差带105种，其中带方框的44种为常用公差带，带圆圈的13种为优先公差带，如图5-5所示。一般、常用和优先轴公差带119种，其中带方框的59种为常用公差带，带圆圈的13种为优先公差带，如图5-6所示。

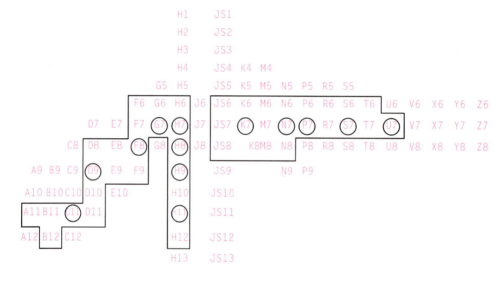

图5-5 一般、常用和优先孔公差带

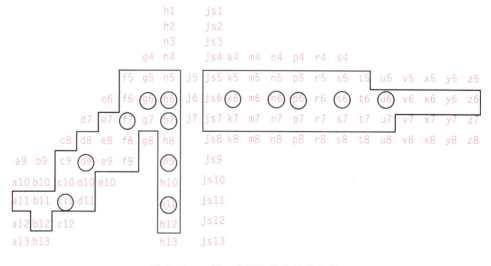

图5-6 一般、常用和优先轴公差带

国家标准还规定了基孔制常用配合59种，其中优先配合13种，见表5-5。基轴制常用配合47种，其中优先配合13种，见表5-6。

表 5-5 基孔制优先、常用配合

基准孔	a	b	c	d	e	f	g	h	js	k	m	n	p	r	s	t	u	v	x	y	z
									轴												
				间隙配合					过渡配合				过盈配合								
H6						H6/f5	H6/g5	H6/h5	H6/js5	H6/k5	H6/m5	H6/n5	H6/p5	H6/r5	H6/s5	H6/t5					
H7						H7/f6	H7/g6	H7/h6	H7/js6	H7/k6	H7/m6	H7/n6	H7/p6	H7/r6	H7/s6	H7/t6	H7/u6	H7/v6	H7/x6	H7/y6	H7/z6
H8					H8/e7	H8/f7	H8/g7	H8/h7	H8/js7	H8/k7	H8/m7	H8/n7	H8/p7	H8/r7	H8/s7	H8/t7	H8/u7				
				H8/d8	H8/e8	H8/f8		H8/h8													
H9			H9/c9	H9/d9	H9/e9	H9/f9		H9/h9													
H10			H10/c10	H10/d10				H10/h10													
H11	H11/a11	H11/b11	H11/c11	H11/d11				H11/h11													
H12		H12/b12						H12/h12													

注：标有 ▼ 的代号为优先配合。

表 5-6 基轴制优先、常用配合

基准轴	A	B	C	D	E	F	G	H	JS	K	M	N	P	R	S	T	U	V	X	Y	Z
								孔													
				间隙配合					过渡配合				过盈配合								
h5						F6/h5	G6/h5	H6/h5	JS6/h5	K6/h5	M6/h5	N6/h5	P6/h5	R6/h5	S6/h5	T6/h5					
h6						F7/h6	G7/h6	H7/h6	JS7/h6	K7/h6	M7/h6	N7/h6	P7/h6	R7/h6	S7/h6	T7/h6	U7/h6				
h7					E8/h7	F8/h7		H8/h7	JS8/h7	K8/h7	M8/h7	N8/h7									
h8				D8/h8	E8/h8	F8/h8		H8/h8													
h9				D9/h9	E9/h9	F9/h9		H9/h9													
h10								H10/h10													
h11	A11/h11	B11/h11	C11/h11	D11/h11				H11/h11													
h12		B12/h12						H12/h12													

注：标有 ▼ 的代号为优先配合。

3. 配合代号

国标对配合代号规定为：用孔、轴公差带代号的组成表示，写成分数形式，分子表示孔的公差带代号，分母表示轴的公差带代号，例如：$\phi 50 H6/g6$，$\phi 40 G6/h6$，$\phi 10 H7/n6$ 等，图样上的标注方法如图 5-7 所示，标注配合代号便于判断配合性质和公差等级，标注极限偏差便于判断配合的松紧程度，方便生产。

三、极限偏差表的使用

1. 孔、轴的极限偏差表

轴的极限偏差表（表5-3），用来查轴的极限偏差；另一个是孔的极限偏差表（表5-4），用来查孔的极限偏差。

2. 查表的步骤和方法

(1) 根据基本偏差的代号是大写还是小写，确定是查孔还是轴的极限偏差表。

(2) 在极限偏差中首先找到基本偏差代号，再从基本偏差代号下找到公差等级数字所在的列。

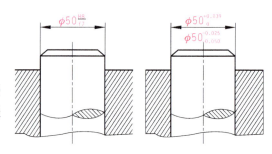

图 5-7 配合标注

(3) 找到基本尺寸段所在的行和列的相交处，就是所要查的极限偏差数值。

例 5-5 查表确定 $\phi30c12$ 的极限偏差。

解 查表5-1得：

$$IT12 = 210 \ \mu m = 0.21 \ mm$$

查表5-3得：

$$es = -110 \ \mu m = -0.11 \ mm$$

故 $ei = es - IT = -0.11 - 0.21 = -0.32$（mm）

例 5-6 查表确定 $\phi52H1$ 的极限偏差。

解 查表5-1得：

$$IT1 = 2 \ \mu m = 0.002 \ mm$$

查表5-4得：

$$EI = 0 \ mm$$

故 $\qquad ES = EI + IT1 = 0.002 + 0 = +0.002$（mm）

例 5-7 查表确定 $\phi85M8$ 的极限偏差。

解 查表5-1得：

$$IT8 = 54 \ \mu m = 0.054 \ mm$$

查表5-4的得：

$$ES = -13 + \Delta = -13 + 19 = +6 = +0.006 \ (mm)$$

故 $\qquad EI = ES - IT = 0.006 - 0.054 = -0.048$（mm）

例 5-8 查表确定 $\phi405S7$ 的极限偏差。

解 查表5-1得：

$$IT7 = 63 \ \mu m = 0.063 \ mm$$

查表5-4得：

$$ES = -232 + \Delta = -232 + 23 = -209 \ (\mu m) = -0.209 \ (mm)$$

故 $\qquad EI = ES - IT = -0.209 - 0.063 = -0.272$（mm）

例 5-9 利用极限偏差表，确定下列公差带代号的偏差值，并计算公差。

(1) $\phi80m8$；(2) $\phi30E10$；(3) $\phi30js7$；(4) $\phi60M6$。

解：

（1）查表 5-1 得：

$$IT8 = 46\ \mu m = 0.046\ mm$$

查表 5-3 得：ei = 0.011 mm，故 es = ei + IT = 0.057（mm）

即　　　　　T_s = es − ei = +0.057 − (+0.011) = 0.046（mm）

（2）查表 5-1 得：

$$IT10 = 0.084\ mm$$

查表 5-4 得：EI = 0.040 mm，故 ES = EI + IT = 0.124（mm）

即　　　　　T_h = ES − EI = +0.124 − (+0.040) = 0.084（mm）

（3）查表 5-1 及表 5-3 得：

$$\phi 30js7 = \phi 30 \pm 0.010\ mm$$

即　　　　　T_s = es − ei = +0.010 − (−0.010) = 0.020（mm）

（4）查 5-1 得：

$$IT6 = 0.019\ mm$$

查表 5-4 得：ES = −11 + Δ = −0.005（mm）

　　　　　故 EI = ES − IT = −0.024（mm）

即　　　　　T_h = ES − EI = −0.005 − (−0.024) = 0.019（mm）

四、线性尺寸的未注公差

1）一般公差的含义

一般公差是指在车间一般加工条件下可以保证的公差。它是机床在正常维护和操作下，可达到的经济加工精度。GB/T 1804—2000 对现行尺寸的一般公差规定了四个精度等级：f（精密级）、m（中等级）、c（粗糙级）、v（最粗级）。这 4 个公差等级相当于 IT12、IT14、IT16、IT17，在基本尺寸 0.5～4 000 mm 分为 8 个尺寸段，极限偏差数值对称分布。

2）一般公差的应用

一般公差主要用于不重要的、较低精度的非配合尺寸及以工艺方法（铸、模锻）可保证的尺寸，可简化制图，节约设计、检验时间，突出重要尺寸。

3）一般公差的标注

当采用一般公差时，在图样上只注基本尺寸，不注极限偏差（如：$\phi 30$）。

线性尺寸未注极限偏差的数值见表 5-7。

表 5-7　线性尺寸未注极限偏差的数值（摘自 GB/T 1804—2000）　　　　mm

公差等级	尺　寸　分　段							
	0.5~3	>3~6	>6~30	>30~120	>120~400	>400~1 000	>1 000~2 000	>2 000~4 000
f（精密级）	±0.05	±0.05	±0.1	±0.15	±0.2	±0.3	±0.5	—
m（中等级）	±0.1	±0.1	±0.2	±0.3	±0.5	±0.8	±1.2	±2
c（粗糙级）	±0.2	±0.3	±0.5	±0.8	±1.2	±2	±3	±4
v（最粗级）	—	±0.5	±1	±1.5	±2.5	±4	±6	±8

同步训练

1. 什么是标准公差？什么是基本偏差？
2. 极限与配合规定了多少种公差等级？
3. 孔、轴各规定了多少种基本偏差？
4. 查表确定 φ10m6、φ8e7、φ10N7、φ30H8 的基本偏差及另一个极限偏差。
5. 基孔制与基轴制有什么区别？
6. 公差带代号是如何组成的？配合代号是如何组成的？
7. 说明 φ17k7、φ20f7 的含义。
8. 思考 φ40H8/f7 的含义。
9. 利用极限偏差表，查 φ30f8 、φ60T6 和 φ45H7 的极限偏差。
10. 利用极限偏差表，确定下列公差带代号的极限偏差数值，并计算其公差值，
（1） φ6b12；（2） φ30f8；（3） φ20js8；（4） φ30E10；（5） φ35F8；（6） φ45H3。
11. 什么是一般公差？一般公差在图样上怎样标注？

项目六 初识几何公差

在机械制造中,由于机床精度、工件的装夹精度和加工过程中的变形等多种因素的影响,加工后的零件不仅会产生尺寸误差,还会产生形状误差和位置误差。即零件表面、中心轴线等的实际形状和位置偏离设计所要求的理想形状和位置,从而产生误差。零件的形状误差和位置误差同样会影响零件的使用性能和互换性。例如,当孔轴配合时,如果轴线存在较大的弯曲,则不可能满足配合要求,甚至不能装配(图6-1);又如,机床导轨面如果不平直,则会直接影响机床的运动精度(图6-2)。因此,零件图样上除了规定尺寸公差来限制尺寸误差外,还规定了几何公差(形状公差、位置公差、方向公差及跳动公差)来限制误差,以满足零件的功能要求。

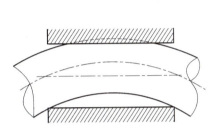

图6-1 轴线弯曲

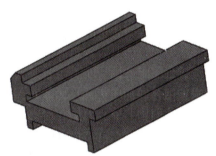

图6-2 导轨不平直

几何公差的最新国家标准:
GB/T 1182—2008《几何公差 形状、方向、位置和跳动公差标注》;
GB/T 1184—2008《形状和位置公差 未注公差值》;
GB/T 4249—2009《公差原则》;
GB/T 16671—2009《几何公差 最大实体要求、最小实体要求和可逆要求》;
GB/T 1958—2004《形状和位置公差 检测规定》。

学习目标

(1)掌握几何公差的相关概念。
(2)掌握几何公差在图样上的标注方法。

任务一 几何公差概述

一、几何公差的研究对象

零件的形状和结构虽各式各样,但它们都是由点、线、面按一定几何关系组合而成的。如图6-3（零件的几何要素）所示的顶尖，就是由球面、圆锥面、端面、圆柱面、轴线、球心等构成的。这些构成零件形体的点、线、面称为零件的几何要素。

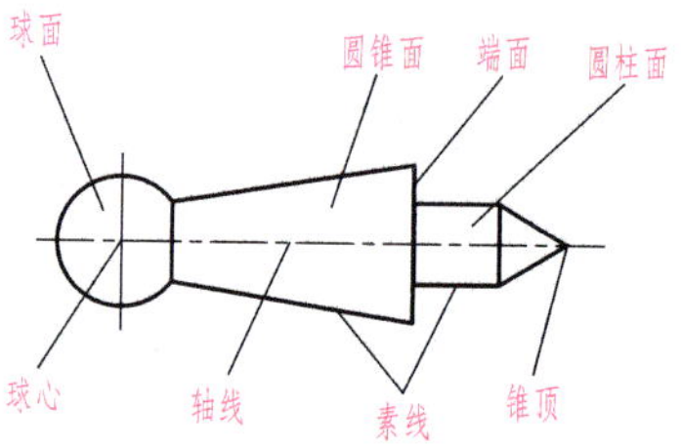

零件的几何要素可按以下几种方式进行分类。

1. 按存在的状态

1）理想要素

具有几何学意义的要素称为理想要素。理想要素是没有任何误差的要素，图样是用来表达设计意图和加工要求的，因而图样上构成零件的点、线、面都是理想要素。

图6-3 零件的几何要素

2）实际要素

零件上实际存在的要素称为实际要素。实际要素是由加工形成的，在加工中由于各种原因会产生加工误差，所以实际要素具有几何误差。

由于存在测量误差，所以实际要素并非该要素的真实状况。

2. 按在几何公差中所处的地位

1）被测要素

（1）给出了形状或（和）位置公差的要素称为被测要素。

如图6-4所示圆柱面和台阶面、圆柱的轴线等。

（2）被测要素按功能关系可分为单一要素和关联要素两种。

① 单一要素

在图样上，对其本身给出了形状公差要求的要素称为单一要素，与零件上的其他要素无功能关系。如：图6-4中ϕd_1圆柱面。

② 关联要素

与零件上其他要素有功能关系的要素称为关联要素。如：图6-4中的右端面。

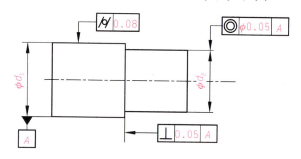

图6-4 零件的几何要素

2）基准要素

用来确定被测要素方向或（和）位置的要素称为基准要素。

基准要素可分为单一基准要素和组合基准要素。

（1）单一基准要素是指作为单一基准使用的一个要素。

（2）组合基准要素是指作为组合基准使用的一组要素，即用多个要素作为一个基准，如用两个圆柱的轴线组合成一条公共轴线作为一个基准。

3. 按几何特征

1）组成要素

构成零件外形，能直接为人们所感觉到的点、线、面称为组成要素。

当被测要素或基准要素为组成要素时，几何公差代号的指引线箭头或基准符号的连线应指在表示相应组成要素的线上或该线的延长线上，并明显地与尺寸线错开。

2）导出要素

表示轮廓要素的对称中心的点、线、面称为导出要素。

当被测要素和基准要素为导出要素时，几何公差代号的指引线箭头或基准符号的连线应与该要素轮廓的尺寸线对齐。

4. 按在几何公差中所处的地位

1）被测要素

图样上给出了形状或位置公差的要素为被测要素，如图6-4中所示的ϕd_1、ϕd_2。

2）基准要素

用来确定被测要素的方向或位置的要素为基准要素，如图6-4中所示ϕd_1的中心轴线。

二、几何公差项目及符号

几何公差可分为形状公差、位置公差、方向公差和跳动公差4类，共19个项目。

形状公差是被测实际要素的形状相对于其理想形状所允许的变动量。形状公差有直线度、平面度、圆度、圆柱度、线轮廓度和面轮廓度6项。

方向公差是用来控制被测实际要素相对于基准要素的方向精度。方向公差有平行度、垂直度、倾斜度、线轮廓度和面轮廓度5项。

位置公差是被测实际要素的位置对基准所允许的变动量。位置公差有同轴度、同心度、对称度、位置度、线轮廓度和面轮廓度6项。

跳动公差有圆跳动和全跳动2项，用来控制被测实际要素的形状和相对于基准轴线的位置两方面的综合精度。

几何公差各项目的名称和符号及附加符号见表6-1。

表6-1 几何公差项目的名称和符号及附加符号

公差类型	几何特征	符号	有无基准要求
形状公差	直线度	——	无
	平面度	▱	无
	圆度	○	无
	圆柱度	⌭	无
	线轮廓度	⌒	无
	面轮廓度	⌒	无

续表

公差类型	几何特征	符号	有无基准要求
方向公差	平行度	∥	有
	垂直度	⊥	有
	倾斜度	∠	有
	线轮廓度	⌒	有
	面轮廓度	⌒	有
位置公差	位置度	⊕	有或无
	同心度（用于中心点）	◎	有
	同轴度（用于轴线）	◎	有
	对称度	═	有
	线轮廓度	⌒	有
	面轮廓度	⌒	有
跳动公差	圆跳动	↗	有
	全跳动	↗↗	有
附加符号			
几何特征	符号	几何特征	符号
延伸公差带	Ⓟ	小径	LD
最大实体要求	Ⓜ	大径	MD
最小实体要求	Ⓛ	中径、节径	PD
自由状态条件	Ⓕ	线素	LE
包容要求	Ⓔ	不凸起	NC
公共公差带	CZ	任意横截面	ACS

任务二　几何公差的标注

一、几何公差的代号和基准代号

1. 几何公差的代号

几何公差的代号包括：几何公差框格和指引线；几何公差有关项目的符号；几何公差

·54·

数值和其他有关符号；基准字母和其他有关符号等。

几何公差标注如图6-5所示、基准符号如图6-6所示。

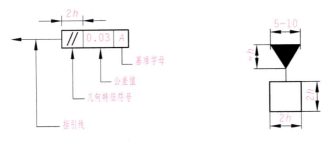

图6-5 几何公差标注　　图6-6 几何公差基准符号

在使用中，需要注意的是：

（1）公差框格分成两格或多格（一般形状公差两格，位置公差3~5格），框格内从左到右填写如下内容：

第一格——几何特征符号；

第二格——公差值和有关符号；

第三格和以后各格——基准代号的字母和有关符号。

（2）公差框格应水平或垂直绘制。

2. 基准符号

在位置公差的标注中，在图样上必须标明基准。基准必须用基准符号表示。

基准符号由黑色三角形、连线、方框和基准字母组成，如图6-6所示。无论基准符号在图样中的方向如何，方框内的字母都应水平书平。为了避免误解，基准字母不得采用 E、I、J、M、O、P、L、R、F。当字母不够时，可加脚注，如 A_1、A_2、…、B_1、B_2、…

二、被测要素的标注

1. 被测要素为组成要素时的标注

当被测要素为轮廓线或为有积聚性投影的表面时，将箭头置于要素的轮廓或轮廓线的延长线上，并与尺寸线明显地错开，如图6-7所示。

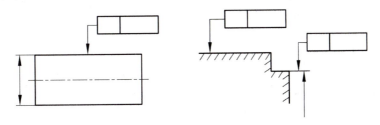

图6-7 组成要素标注

2. 被测要素为导出要素时的标注

当被测要素为轴线、中心平面或由带尺寸的要素确定的点时，指引线的箭头应与确定导出要素的轮廓的尺寸线对齐，如图6-8所示。

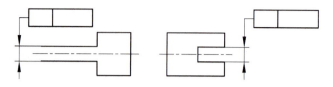

图6-8 中心要素标注

3. 同一被测要素有多项几何公差要求时的标注

如对同一要素有一个以上的公差特征项目要求且测量方向相同时，为方便起见，可将一个公差框格放在另一个框格下面，用同一指引线指向被测要素，如图6-9（a）所示。

如测量方向不完全相同，则应将测量方向不同的项目分开标注，如图6-9（b）所示。

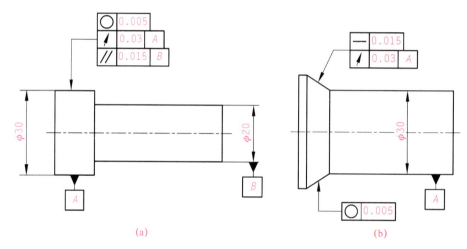

图6-9 同一要素多个几何公差标注
（a）测量方向相同；（b）测量方向不同

4. 不同被测要素有相同几何公差要求时的标注

不同被测要素有相同的几何公差要求时，可以在从框格引出的指引线绘制出多个指示箭头，分别指向各被测要素，如图6-10（a）所示。当某项公差应用于几个相同要素时，应在公差框格的上方注明表示要素个数的数字及符号"×"，如图6-10（b）所示。若被测要素为尺寸要素，则在符号"×"后加注被测要素的尺寸，如图6-10（c）所示。

三、基准要素的标注

1. 基准要素为组成要素时的标注

当基准要素为轮廓线或为有积聚性投影的表面时，将基准符号置于轮廓线上或轮廓线的延长线或引出线上，并使基准符号中的连线与尺寸线明显地错开，如图6-11所示。

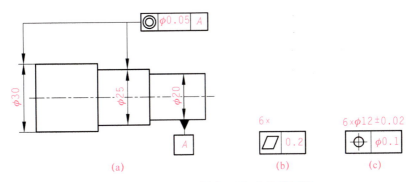

图 6-10 不同要素同一几何公差的标注

(a) 不同被测要素有相同几何公差要求的标注；(b) 某项公差应用于几个相同要素的标注；(c) 被测要素为尺寸要素的标注

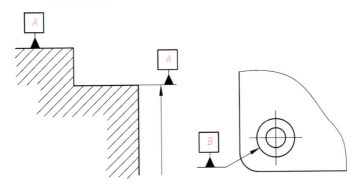

图 6-11 基准要素为组成要素时的标注

2. 基准要素为导出要素时的标注

1）基准要素为单一尺寸时的标注

当基准要素是轴线、中心平面或由带尺寸的要素确定的点时，基准符号中的连线应与确定中心要素的轮廓的尺寸线对齐，如图 6-12 所示。

2）基准要素为公共轴线时的标注

标注方法如图 6-13 所示。

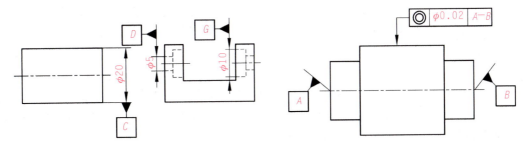

图 6-12 基准要素为单一尺寸时的标注   图 6-13 基准要素为公共轴线时的标注

3）任选基准的标注

有时对相关要素不指定基准，这种情况称为任选基准标注，也就是在测量时可以任选其中一个要素为基准，如图 6-14 所示。

3. 以单个要素或多个要素为基准时的标注

以单个要素为基准时，用一个大写字母表示，如图 6-15（a）所示。以两个要素建立公共基准时，用中间加连字符的两个大写字母表示，如图 6-15（b）所示。以两个或三个基准建立基准体系（即采用多基准）时，表示基准的大写字母按基准的优先顺序自左向右填写在公差框格内，如图 6-15（c）所示。

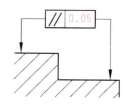

图 6-14 任选基准的标注

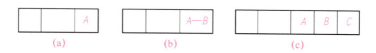

图 6-15 以单个要素或多个要素为基准时的标注
(a) 单个要素为基准；(b) 以两个要素建立公共基准；(c) 以三个基准建立基准体系

四、几何公差其他标注方法

1. 几何公差有附加要求时的标注

1）对公差数值有附加说明时的标注

如对公差数值在一定的范围内有附加的要求，则可在公差值后加以标注。图 6-16（a）所示为任一 100 mm 长的长度内，直线度公差为 0.02 mm；图 6-16（b）所示为任一 100 mm×100 mm 的正方形表面上，直线度公差为 0.05 mm。

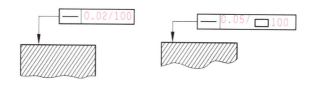

图 6-16 公差值有附加说明的标注

2）限定被测要素或基准要素范围的标注

如被测要素的某一部分给定几何公差要求，或以要素的某一部分作基准，则应用粗点画线表示其范围，并加注尺寸，图 6-17（a）所示为限定被测要素范围，图 6-17（b）所示为限定基准要素范围。

2. 几何公差有其他符号的附加要求的标注

为了说明公差框格中所标注的几何公差的其他附加要求，或为了简化标注方法，可以在公差框格的周围附加文字说明。属于被测要素数量的说明，应写在公差框格的上方；属于解释性的说明，应写在公差框格的下方，如图 6-18 所示。

3. 其他附加符号的标注

其他附加符号的标注示例，如图 6-19 所示。

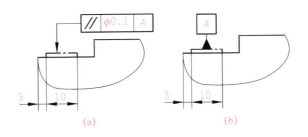

图 6-17 限定被测要素或基准要素的范围标注

(a) 限定被测要素范围;(b) 限定基准要素范围

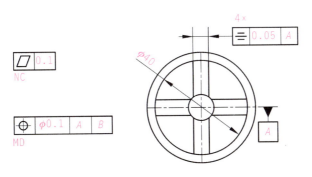

图 6-18 文字说明

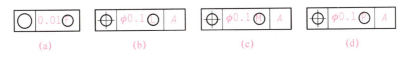

图 6-19 其他附加符号的标注示例

(a) 自由状态条件;(b) 最小实体要求;(c) 最大实体要求;(d) 延伸公差带

同步训练

1. 几何公差共有多少个项目?几何公差是如何分类的?各用什么符号表示?
2. 画出几何公差代号和基准代号,并说明各组成部分的含义。
3. 何谓形状公差?何谓位置公差?
4. 何谓被测要素?它有哪两种类型?
5. 何谓单一要素和关联要素,它们各应用于哪种条件?
6. 说明理想要素、实际要素、被测要素、基准要素、单一要素和关联要素的含义。
7. 说明图 6-20 所示几何公差代号标注的含义。
8. 按要求在图 6-21 中标出几何公差代号:

(1) $\phi40$ mm 与 $\phi50$ mm 两端面的平行度为 0.02 mm。

(2) $\phi40$ mm 与 $\phi50$ mm 的同轴度为 $\phi0.03$ mm。

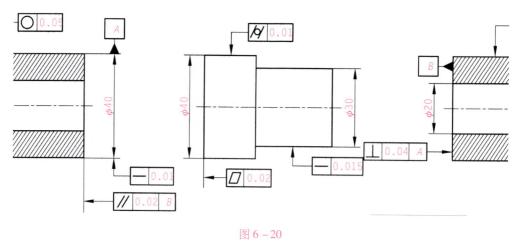

图 6-20

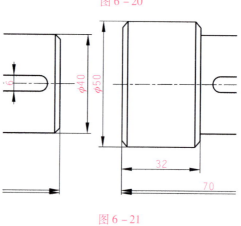

图 6-21

项目七 直线度与平面度

直线度是限制实际直线相对理想直线直与不直的一项指标。平面度是限制实际平面相对理想平面变动量的一项指标,它是针对平面出现不平而提出的要求。本项目简略阐述了直线度、平面度的概念以及直线度、平面度的测量方法。

学习目标

(1) 掌握直线度与平面度两种形状公差的识读。
(2) 掌握塞尺、刀口尺、水平仪的使用方法。
(3) 掌握直线度与平面度的测量。

任务一 直线度与平面度

直线度公差限制被测实际直线相对于理想直线的变动量。被测直线可以是平面内的直线、直线回转体上的素线、平面相交线和轴线等。

平面度公差限制实际平面相对于理想平面的变动量。

直线度和平面度的标注示例及解释见表 7-1。

表 7-1 直线度和平面度的标注示例及解释

项目	示例	识读	设计要求
直线度	圆锥面素线的直线度 ─ 0.01	圆锥面素线直线度公差为 0.01 mm	实际素线必须位于距离为公差值 0.01 mm 的两平行直线间的区域
	刀口尺刀口的直线度 ─ 0.02	在垂直方向上棱线的直线度公差为 0.02 mm	实际棱线必须位于垂直方向距离为公差值 0.02 mm 的两平行平面之间

续表

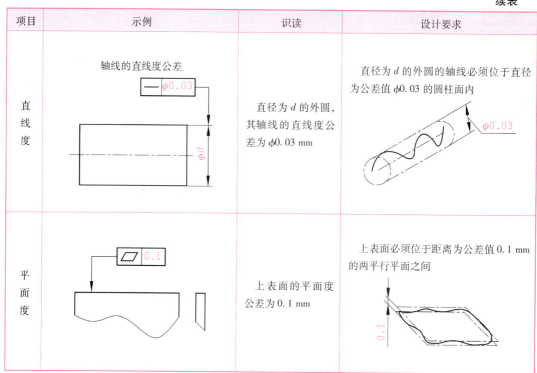

任务二 测量工具

一、刀口尺

刀口尺（图7-1）有镁铝合金和钢制的两种，加工过程中需经过稳性处理和去磁处理，主要用于以光隙法进行直线度测量和平面度测量，也可与量块一起检验平面度。

图7-1 刀口尺

刀口尺的规格：500 mm、600 mm、750 mm、1 000 mm、1 200 mm、1 500 mm、2 000 mm、2 500 mm、3 000 mm、3 500 mm、4 000 mm。

刀口尺的精度可以分为0级和1级，直线度误差控制在1 μm左右。

二、水平仪

水平仪是一种用来测量被测平面相对水平面的微小角度的常用量具。在机械行业和仪表制造中，用于测量相对于水平位置的倾斜角、机床类设备导轨的平面度和直线度、设备安装的水平位置和垂直位置等。水平仪有电子水平仪和水准式水平仪，常用的水准式水平仪又有条式水平仪、框式水平仪、合像水平仪三种结构形式，其中以框式水平仪应用最多。

图7-2所示为框式水平仪。框式水平仪由铸铁框架和纵向、横向两个水准器组成。框架为正方形，除了安装有水准器的下测量面外，还有一个与之相垂直的测量面（两测量面均带有V形槽），故当其测量面与被测量表面相靠时，便可检测被测表面与水平面的垂直度。其规格有150 mm×150 mm，200 mm×200 mm，250 mm×250 mm，300 mm×300 mm等几种，其中200 mm×200 mm最为常用。

水准器的玻璃管管内充有醚或酒精，并留有一小气泡，它在管中永远位于最高点。若气泡在正中间，说明被测表面水平。玻璃管上气泡两端均有刻度，如图7-3所示，气泡向右移动一格，说明右边高。若水平仪的分度值为0.02 mm/1 000 mm（4″），则表示被测表面倾斜了4″，在1 000 mm长度上，两端高度差为0.02 mm。

图7-2 框式水平仪

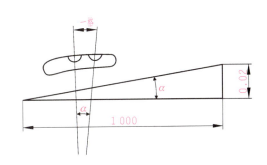

图7-3 水平仪测量原理图

设被测表面的长度为 l，测量时气泡移动了 n 格，则相对倾斜角为

$$\alpha = 4'' \times n \tag{7-1}$$

两端的高度差为

$$h = \frac{0.02}{1\ 000} \times l \times n \tag{7-2}$$

例7-1 用一分度值为0.02 mm/1 000 mm（4″）框式水平仪测量一长度为600 mm的导轨工作面的倾斜程度，测量时，水平仪的气泡移动了3格，问该导轨工作面相对水平面倾斜了多少？

解 被测表面相对水平面倾斜角　　$\alpha = 4'' \times 3 = 12''$

两端高度差　　　　$h = \dfrac{0.02}{1\ 000} \times 600 \times 3 = 0.036$（mm）

任务三　直线度与平面度的测量

一、直线度误差的检测

图7-4所示为用刀口尺测量某一表面轮廓线的直线度误差。将刀口尺的刀口与实际轮廓紧贴，实际轮廓线与刀口之间的最大间隙就是直线度误差，其间隙值可由两种方法获得：

（1）当直线度误差较大时，可用塞尺直接测出。

（2）当直线度误差较小时，可通过与标准光隙比较的方法估读出误差值。

图7-5所示为用指示表测量外圆轴线的直线度误差。测量时，将工件安装在平行于平板的两顶尖之间，沿铅垂轴截面的两条素线测量，同时记录两指示表在各测点的读数差（绝对值），取各测点读数的一半的最大值为该轴截面轴线的直线度误差。按上述方法测量若干个轴截面，取其中最大的误差值作为该外圆轴线的直线度误差。

图7-4　刀口尺测量直线度误差

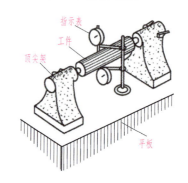

图7-5　用指示表测量外圆轴线的直线度误差

二、平面度误差的检测

图7-6所示为用指示表测量平面度误差。测量时，先将工件支撑在平板上，借助指示表调整被测平面对角线上的 a 与 b 两点，使之等高；再调整另一对角线上 c 与 d 两点，使之等高；然后移动指示表测量平面上各点，指示表的最大与最小读数之差即为该平面的平面度误差。

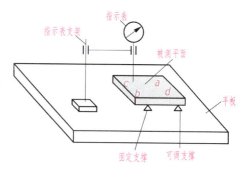

图7-6　用指示表测量平面度误差

同步训练

1. 刀口尺的规格有哪些？它的用途是什么？
2. 水平仪的类型有哪些？它有什么作用？
3. 用分度值为 0.02 mm/1 000 mm（4″）的水平仪，测量长度为 1 200 mm 的导轨工作面的倾斜程度，如气泡移动 1.5 格，试求导轨工作面对水平面的倾斜角及导轨两端的高度差。
4. 直线度误差检测方式有哪些？
5. 平面度误差检测的测量方法是什么？

项目八　圆度与圆柱度

圆度是限制实际圆相对理想圆变动量的一项指标。它是对具有圆柱面（包括圆锥面、球面）的零件，在一正截面（与轴线垂直的面）内的圆形轮廓的要求。它控制了圆柱体横截面和轴截面内的各项形状误差，如圆度、素线直线度、轴线直线度等。圆柱度是圆柱体各项形状误差的综合指标。本项目简略阐述了圆度、圆柱度的概念以及圆度、圆柱度的测量方法。

学习目标

（1）掌握圆度与圆柱度两种形状公差的识读。
（2）掌握百分表的使用方法。
（3）掌握圆度与圆柱度的测量。

任务一　圆度与圆柱度

圆度公差限制实际圆相对于理想圆的变动量，用于对回转体表面任一正截面的圆轮廓提出形状精度要求。

圆柱度公差限制实际圆柱面相对于理想圆柱面的变动，综合控制圆柱面的形状精度，如圆度、素线直线度、轴线直线度等。

圆度和圆柱度的标注示例及解释见表 8-1。

表 8-1　圆度和圆柱度的标注示例及解释

公差	示例	识读	设计要求
圆度	○ 0.02	圆柱面的圆度公差为 0.02 mm	在垂直于轴线的任意正截面上，实际圆必须位于半径差为公差值 0.02 mm 的两同心圆之间

续表

公差	示例	识读	设计要求
圆柱度	⌭ 0.05	直径为 d 的圆柱面的圆柱度公差为 0.05 mm	实际圆柱面必须位于半径差为公差值 0.05 mm 的两同轴圆柱面之间

任务二　测量工具

1. 百分表的结构

百分表可用作各种检测夹具，也是专用量仪的读数装置。生产中常用百分表检测长度尺寸、形状误差，检验机床的几何精度等，是一种应用最为广泛的机械式量仪，其外形如图 8-1（a）所示，百分表的结构如图 8-1（b）所示。

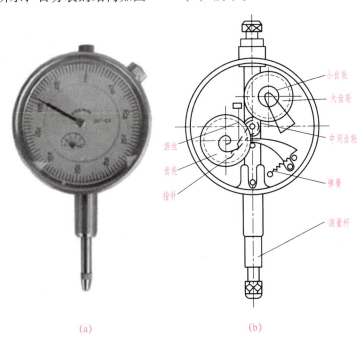

图 8-1　百分表的外形和结构
（a）百分表的外形；（b）百分表的结构

从图 8-1 所示百分表的外形与结构中可知，当切有齿条的测量杆上、下移动时，带动与齿条啮合的小齿轮转动，此时与小齿轮固定在同一轴上的齿轮也随着转动。通过大齿轮即可带动中间齿轮及与中间齿轮同轴的指针转动。这样通过齿轮传动系统可将测量杆的微小位移放大并转变成指针的转动，并在刻度盘上指示出相应的示值。为了消除由齿轮传动系统中齿侧间隙引起的测量误差，在百分表内装有游丝，由游丝产生的扭矩作用在大齿轮上，大齿轮也和中间齿轮啮合，这样可以保证齿轮在正反转时都在齿的同一侧面啮合，因而可消除齿侧间隙的影响。大齿轮的轴上装有小指针，以显示大指针的转数。

2. 百分表的分度原理

百分表的测量杆移动 1 mm，通过齿轮传动系统使大指针回转一周。刻度盘沿圆周刻有 100 个刻度，当指针转过 1 格时，表示所测量的尺寸变化为 1/100 = 0.01 mm，所以百分表的分度值为 0.01 mm。

3. 百分表的特点

百分表具有外廓尺寸小、质量轻、结构紧凑、读数方便、测量范围大和价格便宜等优点。百分表的示值范围通常有 0~3 mm、0~5 mm、0~10 mm 三种。

使用百分表座及专用夹具，对长度尺寸进行相对测量。图 8-2 所示为常用百分表座和百分表架，图 8-2（a）所示为磁性表架，图 8-2（b）所示为百分表座，图 8-2（c）所示为万能表架。测量前先用标准件或量块校对百分表，转动表圈，使表盘的零刻度线对准指针，然后再测量工件，从表中读出工件尺寸相对标准件或量块的偏差，从而确定工件尺寸。

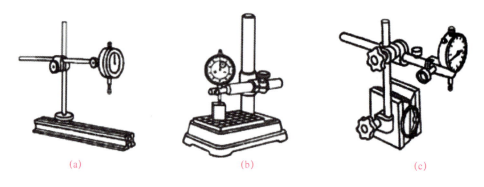

图 8-2 常用百分表座及表架

（a）磁性表架；（b）百分表座；（c）万能表架

使用百分表及相应附件不定期地测量工件的直线度、平面度及平行度等误差，也可在机床或偏摆仪等专用装置上测量工件的跳动误差等。

另外，通过更多的齿轮传动级数使放大比增大，可获得分度值为 0.001 mm 的千分表，千分表使用方法与百分表相同，但由于其分度值小，故用于更高精度工件的测量。

4. 使用百分表时的注意事项

（1）使用前，检查测量杆活动的灵活性。轻轻推动测量杆时，测量杆在套筒内的移动要灵活，没有任何轧卡现象，且每次放松后，指针能回到原来的刻度位置。

（2）使用百分表或千分表时，必须把它固定在可靠的夹持架上（如固定在万能表架或磁性表架上），夹持架要安放平稳，以免使测量结果不准确或摔坏百分表。用夹持百分表的套筒固定百分表时，夹紧力不要过大，以免因套筒变形而使测量杆活动不灵活。

（3）用百分表或千分表测量零件时，测量杆必须垂直于被测量表面，如图8-3所示。使测量杆的轴线与被测量尺寸的方向一致，否则将使测量杆活动不灵活或使测量结果不准确。

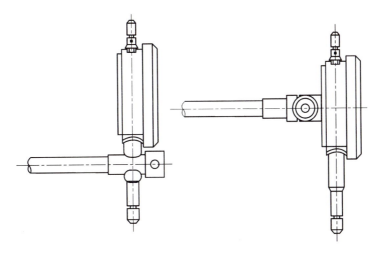

图8-3　百分表测量零件

（4）测量时，不要使测量杆的行程超过它的测量范围；不要使测量头突然撞在零件上；不要使百分表和千分表受到剧烈的振动和撞击，亦不要把零件强迫推入测量头下，免得损坏百分表和千分表的机件而使其失去精度。因此，用百分表测量表面粗糙或有显著凹凸不平的零件是错误的。

（5）用百分表校正或测量零件时，如图8-4所示，应当使测量杆有一定的初始测力，即在测量头与零件表面接触时，测量杆应有0.3~1 mm的压缩量（千分表可小一点，有0.1 mm即可），使指针转过半圈左右，然后转动表圈，使表盘的零位刻线对准指针。轻轻地拉动测量杆的圆头，拉起和放松几次，检查指针所指的零位有无改变。当指针的零位稳定后，再开始测量或校正零件的工作。如果校正零件，此时开始改变零件的相对位置，读出指针的偏摆值，就是零件安装的偏差数值。

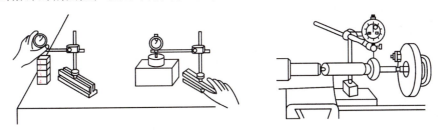

图8-4　百分表校正或测量零件

（6）用百分表检查工件平面度或平行度，如图8-5所示。将工件放在平台上，使测量头与工件表面接触，调整指针使其摆动，然后把刻度盘零位对准指针，慢慢地移动表座或工件。指针顺时针摆动，说明工件偏高；反时针摆动，则说明工件偏低。

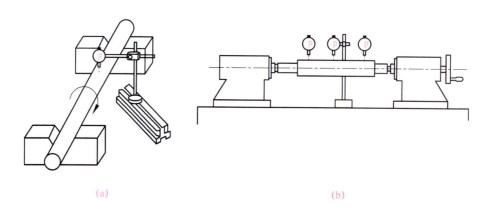

图 8-5　用百分表检查工件平面度或平行度
(a) 工件放在 V 形铁上；(b) 工件放在专用检测架上

（7）测量轴时，以指针摆动最大数字为读数（最高点）；测量孔时，以指针摆动最小数字（最低点）为读数。

任务三　圆度与圆柱度的测量

一、圆度误差的检测

检测外圆表面的圆度误差时，可用千分尺测出同一正截面的最大直径差，此差值的一半即为该截面的圆度误差。测量若干个正截面，取其中最大的误差值作为该外圆的圆度误差。

圆柱孔的圆度误差可用内径百分表（或千分表）检测，其测量方法与上述相同。

图 8-6 所示为用指示表测量圆锥面圆度误差。测量时，应使圆锥面的轴线垂直于测量截面，同时固定轴向位置。在工件回转一周过程中，指示表读数的最大差值的一半即为该截面的圆度误差。按上述方法测量若干个截面，取其中最大的误差值作为该圆锥面的圆度误差。

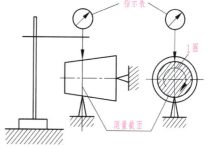

图 8-6　用指示表测量圆锥面圆度误差

二、圆柱度误差的检测

图 8-7 所示为用百分表测量某工件外圆表面的圆柱度误差。测量时，将工件放在平板上的 V 形架内（V 形架的长度大于被测圆柱面长度）。在工件回转一周过程中，测出一个正截面上的最大与最小读数。按上述方法，连续测量若干正截面，取各截面内所测得的所有读数中最大与最小读数差值的一半作为该圆柱面的圆柱度误差。为测量准确，通常使

用夹角为90°和120°的两个V形架分别测量。

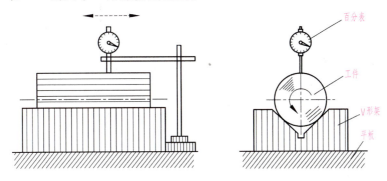

图8-7 用指示表测量圆柱度误差

同步训练

1. 什么是圆度公差？什么是圆柱度公差？
2. 阐述内径百分表的零位调整方法。
3. 百分表如何读数？在使用中应注意什么问题？
4. 测量圆柱度误差的方法是什么？

项目九　圆跳动与全跳动

跳动公差是以特定的检测方式为依据而给定的公差项目，跳动公差可分为圆跳动与全跳动。本项目简略阐述了圆跳动、全跳动的概念以及圆跳动、全跳动的测量方法。

学习目标

（1）掌握跳动公差的识读。
（2）理解跳动公差的检测原则与评定方法。

任务一　跳动的定义

一、定义

跳动公差限制被测要素对基准轴线的变动。

二、分类

跳动公差分为圆跳动、全跳动两种。
1）圆跳动公差
圆跳动公差是被测要素在某一固定参考点绕基准轴线旋转一周时，指示表示值所允许的最大变动量，其测量方向与基准轴线垂直。圆跳动公差有径向圆跳动、端面圆跳动和斜向圆跳动三种。
2）全跳动公差
全跳动公差是被测要素绕基准轴线做若干次旋转，测量仪器与工件间同时做轴向或径向的相对移动时，指示表示值所允许的最大变动量。全跳动公差有径向全跳动和端面全跳动两种。

任务二　跳动公差的应用和识读

跳动公差的应用和识读见表9-1。

项目九　圆跳动与全跳动

表 9–1　跳动公差的应用和识读

公差	示例	识读	设计要求
圆跳动	径向圆跳动 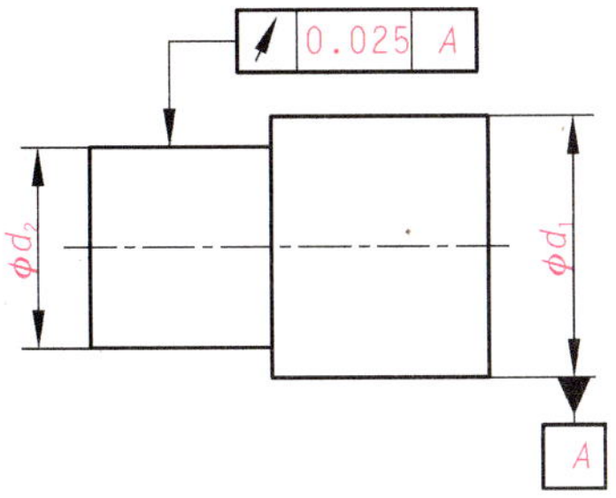 0.025 A	ϕd_2 圆柱面对基准轴线 A 的径向圆跳动公差为 0.025 mm	ϕd_2 圆柱面绕基准轴线回转一周时，在垂直于基准轴线 A 的任一测量平面内的径向跳动量均不得大于公差值 0.025 mm
圆跳动	端面圆跳动 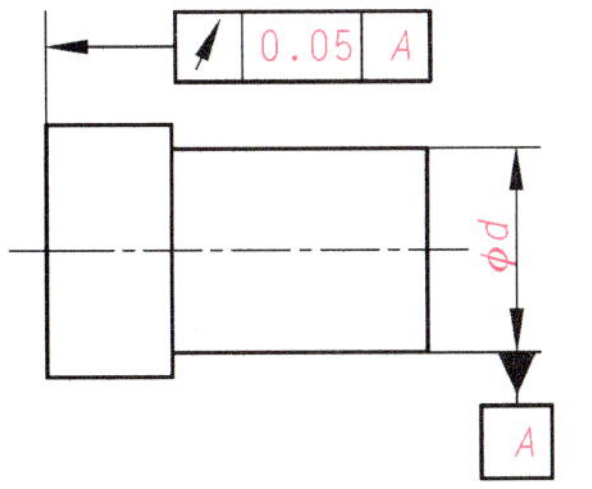 0.05 A	左端面对基准轴线 A 的端面圆跳动公差为 0.05 mm	左端面绕基准轴线回转一周时，在与基准轴线同轴的任一直径位置测量圆柱面上的轴向跳动量均不得大于公差值 0.05 mm
圆跳动	斜向圆跳动 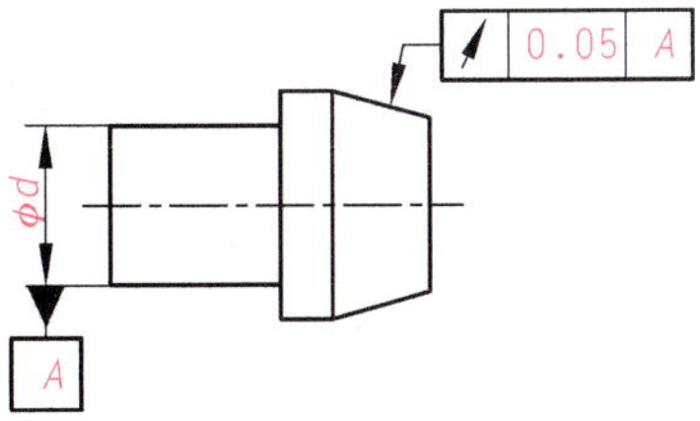 0.05 A	圆锥面对基准轴线 A 的斜向圆跳动公差为 0.05 mm	圆锥面绕基准轴线回转一周时，在与基准轴线同轴的任一测量圆锥面上的跳动量均不得大于公差值 0.05 mm
全跳动	径向全跳动 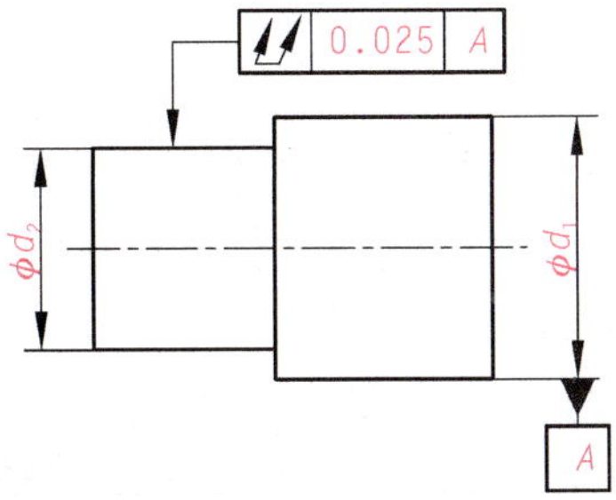 0.025 A	ϕd_2 圆柱面对基准轴线 A 的径向全跳动公差为 0.025 mm	ϕd_2 圆柱面绕基准轴线连续回转，同时指示表相对于圆柱面做轴向移动，在 ϕd_2 整个圆柱面上的径向跳动量不得大于公差值 0.025 mm

续表

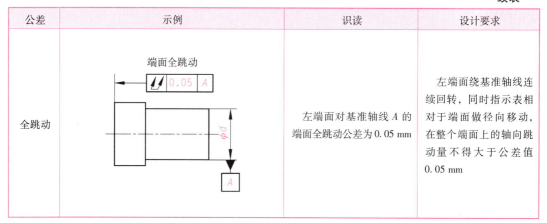

公差	示例	识读	设计要求
全跳动	端面全跳动 ⌭ 0.05 A	左端面对基准轴线 A 的端面全跳动公差为 0.05 mm	左端面绕基准轴线连续回转，同时指示表相对于端面做径向移动，在整个端面上的轴向跳动量不得大于公差值 0.05 mm

任务三　圆跳动误差的检测

图 9-1 所示为测量某台阶轴 ϕd 圆柱面对两端面中心孔轴线组成的公共轴线的径向圆跳动误差。测量时，工件安装在两轴端顶尖之间，在工件回转一周过程中，指示表读数的最大差值即为该测量截面的径向圆满跳动误差。按上述方法测量若干正截面，取各截面测得的跳动量的最大值作为该工件的径向圆跳动误差。

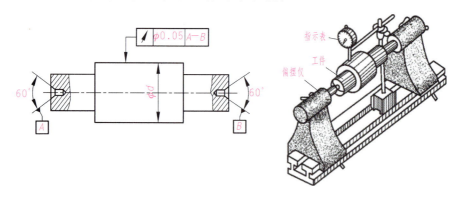

图 9-1　径向圆跳动测量示意图

图 9-2 所示为测量某工件端面对 ϕd 外圆轴线的端面圆跳动误差。测量时，将工件支撑在导向套筒内，并在轴向固定。在工件回转一周过程中，指示表读数的最大差值即为该测量圆柱面上的端面圆跳动误差。将指示表沿被测端面径向移动，按上述方法测量若干个位置的端面圆跳动，取其中的最大值作为该工件的端面圆跳动误差。

图 9-3 所示为测量某工件圆锥面对 ϕd 外圆轴线的斜向圆跳动误差。测量时，将工件支撑在导向套筒内，并在轴向固定。指示表测头的测量方向要垂直于被测圆锥面。在工件

回转一周的过程中，指示表读数的最大差值即为该测量圆锥面上的斜向圆跳动误差。将指示表沿被测圆锥面素线移动，按上述方法测量若干个位置的斜向圆跳动，取其中的最大值作为该圆锥面的斜向圆跳动误差。

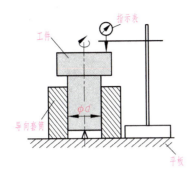 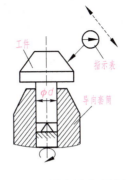

图 9-2　端面跳动测量　　　　图 9-3　斜向圆跳动测量

同步训练

1. 什么是圆跳动公差？圆跳动公差有哪几种类型？
2. 圆跳动公差和全跳动公差有什么区别？

项目十 圆锥的测量

本项目介绍圆锥的概念、锥度的定义及术语、圆锥的测量方法及万能角度尺的使用方法。

学习目标

（1）掌握圆锥的有关基本概念。
（2）理解锥度、圆锥的测量方法。

任务一 圆锥

以直角三角形的一条直角边所在直线为旋转轴，其余两边旋转形成的面所围成的几何体叫作圆锥，如图 10-1 所示。

圆锥的有关基本概念。

（1）圆锥的高：圆锥的顶点到圆锥的底面圆心之间的距离叫作圆锥的高。

（2）圆锥的母线：圆锥的侧面展开形成的扇形的半径、底面圆周上任意一点到顶点的距离。

（3）圆锥的侧面积：将圆锥的侧面沿母线展开，是一个扇形，这个扇形的弧长等于圆锥底面的周长，而扇形的半径等于圆锥的母线的长。

 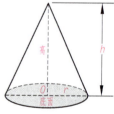

图 10-1 圆锥

圆锥有一个底面、一个侧面、一个顶点、一条高、无数条母线，且底面展开图为圆形，侧面展开图是扇形。生活中沙堆、漏斗、陀螺、斗笠、铅笔头、钻头、铅锤等都可以近似地看作圆锥。

任务二 锥度的测量

1. 圆锥的术语和定义

内圆锥如图 10-2 所示；外圆锥如图 10-3 所示。

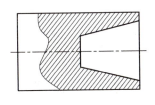 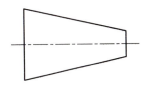

图10-2 内圆锥　　　　　图10-3 外圆锥

圆锥的主要结构参数如图10-4所示。

1）圆锥角 α

圆锥角 α 是指通过圆锥轴线的截面内（轴截面），两母线的夹角。

2）圆锥直径

（1）大端直径 D：最大圆锥直径。

（2）小端直径 d：最小圆锥直径。

（3）给定截面的直径 d_x。

3）圆锥长度 L

圆锥长度 L 是指最大直径的截面到最小直径截面的距离。

（4）锥度 C

锥度 C 是指圆锥大、小端直径之差与长度之比。

$$C = (D-d)/L \tag{10-1}$$

锥度一般采用的形式，如1∶10或1/10。

$$\tan\frac{\alpha}{2} = (D-d)/2L = C/2 \tag{10-2}$$

2. 锥度的测量方法

（1）比较测量法（相对测量法）：用定角度量具与被测角度相比较，用光隙法或涂色法估计出被测角度的偏差，如图10-5所示。

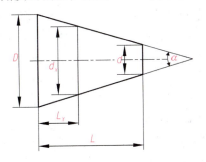 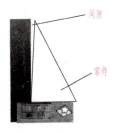

图10-4 圆锥的主要结构参数　　　　图10-5 比较测量法

（2）绝对测量法（直接测量法）：直接从角度计量器具上读出被测角度，如图10-6所示。

（3）间接测量法：测量与被测角度有关的尺寸，然后通过几何关系计算出被测角度，如图10-7所示，并采用式（10-3）进行计算。

$$\tan\alpha/2 = (M-m)/2h \tag{10-3}$$

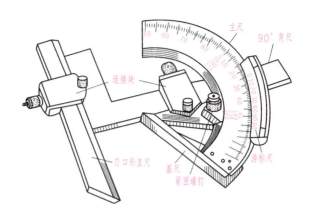

图 10-6 绝对测量法

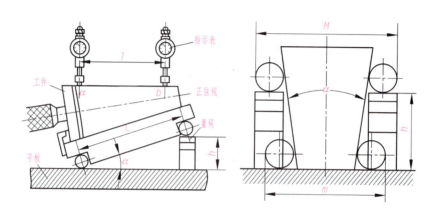

图 10-7 间接测量法

3. 万能角度尺

测量时,根据产品被测部位的情况,先调整好角尺或直尺的位置,用卡块上的螺钉把它们紧固住。这时,要先松开制动头上的螺母,移动主尺做出调整,然后再转动扇形板背面的微动装置做细调整,直到两个测量面与被测表面密切贴合为止。然后拧紧制动器上的螺母,把角度尺取下来进行读数。

1) 测量 0°~50°角度

角尺和直尺全都装上,工件的被测部位放在基尺各直尺的测量面之间进行测量,如图 10-8 所示。

2) 测量 50°~140°角度

可把角尺卸掉,把直尺装上去,使它与扇形板连在一起。工件的被测部位放在基尺和直尺的测量面之间进行测量,如图 10-9 所示。

3) 测量 140°~230°角度

把直尺和卡块卸掉,只装角尺但要把角尺推上去,直到角尺短边与长边的交线和基尺的尖棱对齐为止。把工件的被测部位放在基尺和角尺短边的测量面之间进行测量,如图 10-10 所示。

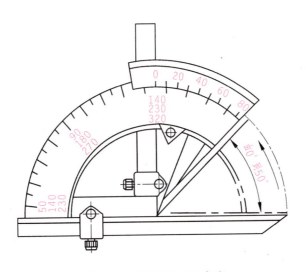

图 10-8 测量 0°~50°角度

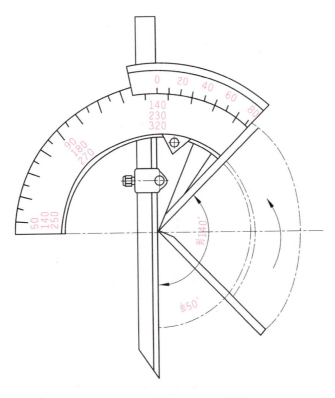

图 10-9 测量 50°~140°角度

4）测量 230°~320°角度

把角尺、直尺和卡块全部卸掉，只留下扇形板和主尺（带基尺）。把工件的被测部位放在基尺和扇形板测量面之间进行测量，如图 10-11 所示。

万能角度尺的主尺上，基本角度的刻线只有 0°~90°，如果测量的零件角度大于 90°，则在读数时，应加一个基数（90°，180°，270°）。当零件角度为：

90°~180°，被测角度 = 90° + 角尺读数；

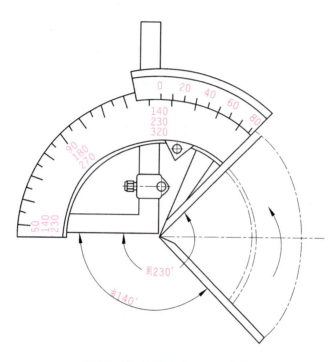

图 10 – 10　测量 140°~230° 角度

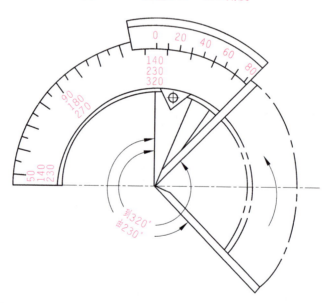

图 10 – 11　测量 230°~320° 角度

180°~270°，被测角度 = 180° + 角尺读数；

270°~320°，被测角度 = 270° + 角尺读数。

注意：用万能角度尺测量零件角度时，应使基尺与零件角度的母线方向一致，且零件应与角尺的两个测量面的全长上接触良好，以免产生测量误差。

任务三 圆锥公差

1. 圆锥公差项目

1) 圆锥直径公差 T_D

圆锥直径公差是指圆锥直径的允许变动量,它适用于圆锥全长上。圆锥直径公差带是在圆锥的轴剖面内,两极限圆锥所限定的区域。一般以最大圆锥直径为基础。极限圆锥、圆锥直径公差带如图 10-12 所示,圆锥角公差带如图 10-13 所示。

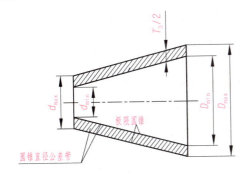 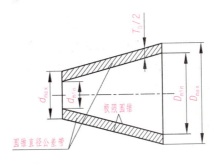

图 10-12 极限圆锥和圆锥直径公差带   图 10-13 圆锥角公差带

所谓极限圆锥,是指与公称圆锥共轴且圆锥角相等,直径分别为上极限尺寸和下极限尺寸的两个圆锥(D_{max}、D_{min}、d_{max}、d_{min})。在垂直圆锥轴线的任一截面上,这两个圆锥的直径差都相等。

2) 圆锥角公差 AT

圆锥角公差是指圆锥角的允许变动量。圆锥角公差带是两个极限圆锥角所限定的区域。圆锥角公差 AT 共分 12 个公差等级,用 AT1、AT2～AT12 表示,其中 AT1 精度最高,其余依次降低。

3) 给定截面圆锥直径公差 T_{DS}

给定截面圆锥直径公差是指在垂直于圆锥轴线的给定截面内圆锥直径的允许变动量,它仅适用于该给定截面的圆锥直径。其公差带是给定的截面内两同心圆所限定的区域。

4) 圆锥形状公差 T_F

圆锥形状公差包括素线直线度公差和横截面圆度公差,其数值从几何标准中选取。

2. 圆锥公差的给定方法

对于具体的圆锥工件,并不都需要给定上述四项公差,而是根据工件使用要求来提出公差项目。

(1) 给出圆锥的理论正确圆锥角 α(或锥度 C)和圆锥直径公差 T_D,由 T_D 确定两个极限圆锥。此时,圆锥角误差和圆锥的形状误差均应在极限圆锥所限定的区域内。第一种公差给定方法的标注如图 10-14 所示。

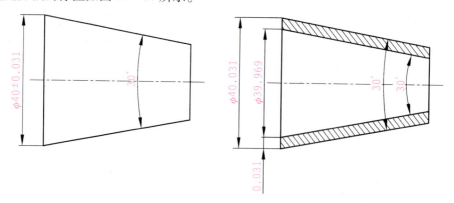

图 10-14 公差给定方法的标注

当对圆锥角公差、形状公差有更高要求时，可再给出圆锥角公差 AT、形状公差 T_F。此时，AT、T_F 仅占 T_D 的一部分。

此种给定公差的方法通常运用于有配合要求的内、外圆锥。

（2）给出给定截面圆锥直径公差 T_{DS} 和圆锥角公差 AT。此时，T_{DS} 和 AT 是相互独立的，应分别满足。

同步训练

1. 什么是锥度？什么是圆锥角？
2. 万能角度尺的使用方法是什么？
3. 读出图 10-15 所示的角度数值。

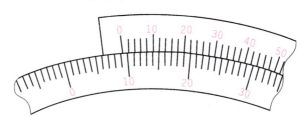

图 10-15 角尺

项目十一　表面粗糙度的测量

经过金属刀具切削后的零件表面，从宏观角度来看，似乎很平整，但如果用手去触摸，就会感觉到微小的高低不平，当借助于放大镜观察零件表面轮廓时，就会发现加工表面上存在着许多由较小间距的峰谷所组成的几何形状。不同机床的粗精加工工艺，产生的峰谷高低也不一样，如何反映出表面轮廓的粗糙度大小是《极限配合与技术测量》的又一个重要内容。

学习目标

（1）了解表面粗糙度的概念、形式、基本术语和评定参数。
（2）熟悉表面粗糙度对机械零件性能的影响。
（3）掌握表面粗糙度符号及其具体画法和相关标注。
（4）掌握表面粗糙度的选用方法和测量方法。

任务一　粗糙度的基本概念及术语

一、表面粗糙度的概念

1. 表面结构的特点

表面结构有偶然性表面结构和重复性表面结构。偶然性表面结构主要体现在表面缺陷，如图 11-1 所示；重复性表面结构主要表现在表面形状误差、表面波纹误差和表面粗糙度，如图 11-2 所示。

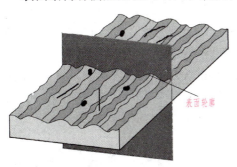

图 11-1　偶然性表面结构

2. 表面粗糙度的概念

无论采用哪种加工方法所获得的零件表面，都不是绝对平整和光滑的，放在显微镜（或放大镜）下观察，都可以看到微观的峰谷不平痕迹，如图 11-3 所示。表面上这种微观不平滑情况，一般是受刀具与零件间的运动、摩擦，机床的振动及零件的塑性变形等各种因素的影响而形成的。表面上所具有的这种较小间距和峰谷所组成的微观几何形状特征称为表面粗糙度。

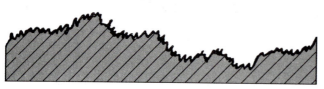 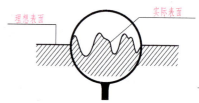

图 11-2 重复性表面结构　　　　图 11-3 表面粗糙度

二、表面粗糙度对机械零件性能的影响

表面粗糙度对零件的配合性质、耐磨性、抗腐蚀性、抗疲劳强度均有很大影响。

1. 对配合的影响

1）对间隙配合的影响

当两接触表面相对运动时，接触表面会很快磨损，使配合间隙增大，影响配合稳定性。

2）对过盈配合的影响

由于表面凹凸不平，所以粗糙表面在装配压入过程中，会将峰顶挤平，减少实际有效过盈量，降低配合的连接强度。

2. 对摩擦磨损的影响

两接触表面做相对运动时，表面越粗糙，摩擦阻力越大，零件表面磨损速度越快，耗能越多，影响相对活动的灵敏性。但是表面过于光滑，会不利于润滑油的储存，易使工作表面间形成半干摩擦或干摩擦，反而使摩擦系数增大，加剧磨损。

3. 对腐蚀性的影响

零件表面越粗糙，积聚在零件表面上的腐蚀性气体、液体也就越多，且会通过微观凹谷向零件内层渗透，使腐蚀加剧。

4. 对疲劳强度的影响

零件表面越粗糙，表面上的凹痕和裂纹越明显，应力集中越敏感，尤其是当零件受到交变载荷时，零件的疲劳损坏可能性越大，疲劳强度也就越差。

此外，表面粗糙度还影响零件的密封性能、产品的美观和表面图层的质量等。因此，为提高产品质量和寿命应选取合理的表面粗糙度。

三、表面粗糙度的术语

1. 表面粗糙度的基本术语

1）表面轮廓

为了反映出粗糙度轮廓的特征，需要用一个垂直于实际表面的平面去截取表面轮廓，该表面称为截表面，按截平面与刀具加工纹理的方向平行或垂直，将截表面分为纵向表面轮廓和横向表面轮廓。在评定粗糙度轮廓时，通常指横向表面轮廓，它能比较准确地反映粗糙度实际情况，如图 11-4 所示。

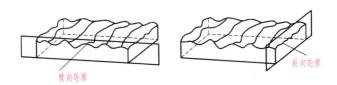

图 11-4 表面轮廓

2) 取样长度 lr 与评定长度 ln

取样长度用于判定被检测轮廓表面特征的一段基准长度，一般包含 5 个以上的峰谷。而评定长度是为了准确地反映整个表面轮廓的真实状况，通常取 5 个取样长度的平均值作为测量结果，如图 11-5 所示。

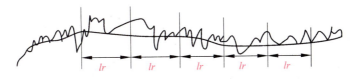

图 11-5 取样长度与评定长度

3) 中线

中线为具有几何轮廓形状并划分轮廓的基准线，基准线以上为轮廓峰，基准线以下为轮廓谷。

2. 表面粗糙度的评定术语

1) 算术平均偏差 Ra

如图 11-6 所示，在一个取样长度内纵坐标绝对值的平均值，即峰谷绝对值的平均值为评定轮廓的算术平均偏差。Ra 值比较直观，容易理解，测量简便，是应用普遍的评定指标。国际规定了 Ra 的系列值见表 11-1。

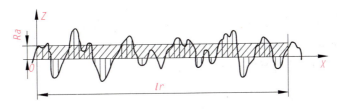

图 11-6 轮廓算术平均偏差 Ra

表 11-1 轮廓算术平均偏差 Ra 系列值 μm

Ra	0.012	0.2	3.2	50
	0.025	0.4	6.3	100
	0.050	0.8	12.5	—
	0.100	1.6	25.0	—

2) 轮廓的最大高度 Rz

如图 11-7 所示，在一个取样长度内最大轮廓峰高和峰谷之和的高度为轮廓的最大高度。Rz 值不如 Ra 值能较准确地反映轮廓表面特征。但如果 Ra 和 Rz 联合使用，则可以防止出现较大的加工痕迹。国际已规定 Rz 系列值，见表 11-2。两表内的数值基本一致，方便记忆与使用。

表 11-2　轮廓算术平均偏差 Rz 系列值　　　　　　　　　　μm

	1 600.025	0.4	6.3	100
Rz	0.05	0.8	12.5	200
	0.10	1.6	25.0	400
	0.20	3.2	50.0	800

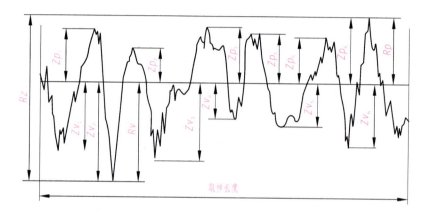

图 11-7　轮廓的最大高度 Rz

任务二　表面粗糙度的标注

在图样中对表面结构的要求，可用几种不同的图形符号来表示。GB/T 131—2006 规定表面结构的图形符号分为基本图形符号、扩展图形符号、完整图形符号等。图样及文件上所标注的表面结构符号应是完整图形符号。

一、表面粗糙度符号及其具体画法

1. 表面粗糙度符号

表面粗糙度的图形符号及其含义见表 11-3。

表 11-3　表面粗糙度的图形符号及其含义

符号名称	符号样式	含义/说明
基本图形符号	√	未指定工艺方法的表面；基本图形符号仅用于简化代号标注，当通过一个注释解释时，可单独使用；没有补充说明时，不能单独使用

续表

符号名称	符号样式	含义/说明
扩展图形符号		用去除材料的方法获得表面,如通过车、铣、刨、磨等机械加工的表面;仅当其含义是"被加工表面"时,才可单独使用
		用不去除材料的方法获得表面,如铸、锻等;也可用于保持上道工序形成的表面,不管这种状况是通过去除材料或不去除材料形成的
完整图形符号		在基本图形符号或扩展图形符号的长边上加一横线,用于标注表面结构特征的补充信息
工件轮廓各表面图形符号		当在某个视图上组成封闭轮廓的各表面有相同的表面结构要求时,应在完整图形符号上加一圆圈,标注在图样中工件的封闭轮廓线上

2. 图形符号的画法及尺寸

图形符号的画法如图11-8所示,图形符号的尺寸见表11-4。

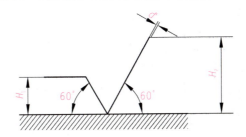

图11-8 图形符号的画法

表11-4 图形符号的尺寸　　　　　　　　　　　　　　mm

数字和字母高度	2.50	3.50	5.00	7.00	10.00	14.00	20.00
符号线宽 d'	0.25	0.35	0.50	0.70	1.00	1.40	2.00
字母线宽 d							
高度 H_1	3.50	5.00	7.00	10.00	14.00	20.00	28.00
高度 H_2	7.50	10.50	15.00	21.00	30.00	42.00	60.00

二、表面粗糙度代号、标注方法及其选用方法

1. 表面粗糙度代号

有关表面粗糙度的各项参数的注写位置如图11-9所示。具体的代号含义见表11-5。

位置 a　注写表面结构的单一要求；
位置 b　注写第二个表面结构要求；
位置 c　注写加工方法；
位置 d　注写表面纹理和方向；
位置 e　注写加工余量。

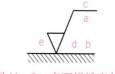

图 11-9　表面粗糙度各项参数的注写位置

表 11-5　表面结构代号示例

代号	含义/说明
√Ra 1.6	表示去除材料，单向上限值，默认传输带，R 轮廓，粗糙度算术平均偏差 1.6 μm，评定长度为 5 个取样长度（默认），"16% 规则"（默认）
√Rz max 0.2	表示不允许去除材料，单向上限值，默认传输带，R 轮廓，粗糙度最大高度 0.2 μm，评定长度为 5 个取样长度（默认），"最大规则"
√U Ra max3.2 L Ra 0.8	表示不允许去除材料，双向极限值，两极限值均使用默认传输带，R 轮廓，上限值：算术平均偏差 3.2 μm，评定长度为 5 个取样长度（默认），"最大规则"，下限值：算术平均偏差 0.8 μm，评定长度为 5 个取样长度（默认），"16% 规则"（默认）
铣 √-0.8/Ra3 6.3 ⊥	表示去除材料，单向上限值，传输带：根据 GB/T 6062—2009，取样长度 0.8 mm，R 轮廓，算术平均偏差极限值 6.3 μm，评定长度包含 3 个取样长度，"16% 规则"（默认），加工方法：铣削，纹理垂直于视图所在的投影面

2. 表面粗糙度在图样中的标注方法

1）标注原则

（1）同一图样上，每个表面一般只标注一次表面粗糙度的符号、代号，并应注在可见轮廓线、尺寸界线、引出线或它们的延长线上。

（2）符号的尖端必须从材料外部指向零件表面。

（3）在图样上表面粗糙度代号中，数字的大小和方向必须与图中尺寸数字的大小和方向一致。

2）表面粗糙度的标注应用示例

常见表面结构要求在图样中的标注实例见表 11-6。

（1）代号中数字注写方向与尺寸数字方向一致；倾斜表面的代号及数字标注方向应符合图中规定。

（2）当螺纹等工作表面没有画出牙形时，其表面粗糙度代号按规定标注。

（3）当零件的大部分表面具有相同的表面粗糙度要求时，对其中使用最频繁的一种代号可统一注在图样的右上角，并在圆括号内给出无任何其他标注的基本符号，且比图形上其他代号大 1.4 倍。

（4）当仅有同一种表面粗糙度的去除材料加工的表面，以及不去除材料的表面时，可采用省略标注,但必须在标题栏附近说明这些省略代号的意义。

（5）当位置狭小不便标注时,可引出标注;细线相连的不连续的同一表面,只标注一次。

（6）当零件的所有表面具有相同的表面粗糙度要求时,在标题栏附近统一标注代号。

表 11-6　常用表面结构要求在图样中的标注实例

说明	实例
表面结构要求对每一表面一般只标注一次,并尽可能注在相应的尺寸及其公差的同一视图上。表面结构的注写和读取方向与尺寸的注写和读取方向一致	
表面结构要求可标注在轮廓线或其延长线上,其符号应从材料外指向其接触表面。必要时,表面结构符号也可用带箭头和黑点的指引线引出标注	
在不引起误解的情况下,表面结构要求可以标注在给定的尺寸线上	
表面结构要求可以标注在几何公差框格的上方	

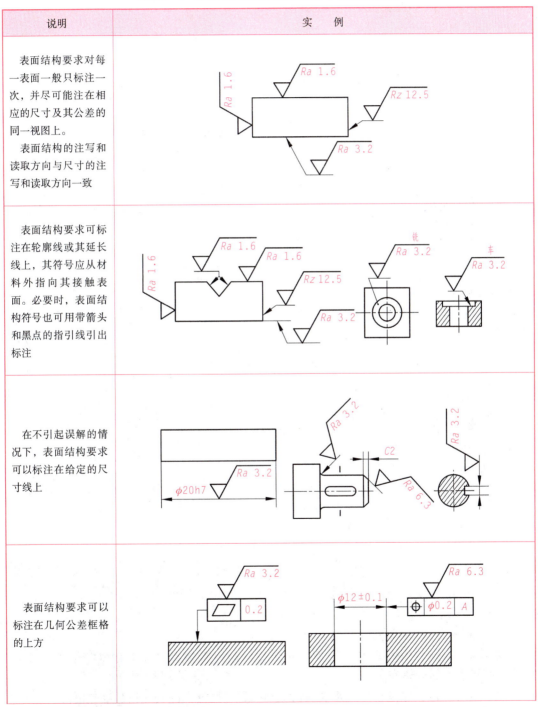

续表

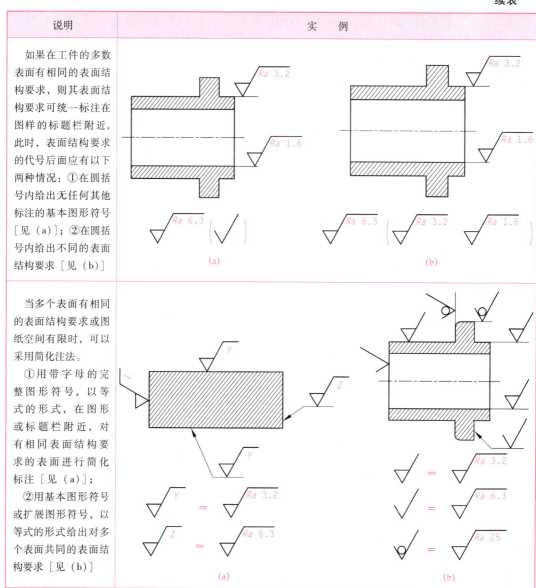

说明	实例
如果在工件的多数表面有相同的表面结构要求,则其表面结构要求可统一标注在图样的标题栏附近,此时,表面结构要求的代号后面应有以下两种情况:①在圆括号内给出无任何其他标注的基本图形符号[见(a)];②在圆括号内给出不同的表面结构要求[见(b)]	
当多个表面有相同的表面结构要求或图纸空间有限时,可以采用简化注法。 ①用带字母的完整图形符号,以等式的形式,在图形或标题栏附近,对有相同表面结构要求的表面进行简化标注[见(a)]; ②用基本图形符号或扩展图形符号,以等式的形式给出对多个表面共同的表面结构要求[见(b)]	

任务三　表面粗糙度的测量

一、表面粗糙度的选择

表面粗糙度的选择方法

(1) 选择原则:在满足使用要求的情况下,尽量选择大的表面粗糙度数值。

（2）选择表面粗糙度数值时，应考虑以下几个方面：

① 同一零件，配合表面、工作表面的数值小于非配合表面、非工作表面的数值；

② 摩擦表面、承受重载荷和交变载荷表面的粗糙度数值应选小值；

③ 配合精度要求高的结合面、尺寸公差和几何公差精度要求高的表面，粗糙度值应选小值；

④ 同一公差等级的零件，小尺寸比大尺寸的粗糙度值小，轴比孔的粗糙度值要小；

⑤ 要求耐腐蚀的表面，粗糙度值应选小值；

⑥ 有关标准已对表面粗糙度要求做出规定的应按相应标准确定表面粗糙度数值。

二、表面粗糙度的测量

1. 测量及测量仪器

1）比较法

比较法是指将被测表面与粗糙度标准样板相比较，对被测表面的粗糙度做出评定的方法。根据视觉和触觉判断被测表面粗糙度相当于粗糙度标准样板中的哪一数值，或通过测量其反射光强变化来评定表面粗糙度。样板是一套具有平面或圆柱表面的金属块，表面经磨、车、镗、铣、刨等切削加工，电铸或其他铸造工艺等加工而具有不同的表面粗糙度。有时可直接从工件中选出样品作为样板。利用样块根据视觉和触觉评定表面粗糙度的方法虽然简便，但会受到主观因素影响，常不能得出正确的表面粗糙度数值。表面粗糙度样板如图11-10（a）所示。

2）光切法

光切法是指利用"光切原理"测量表面粗糙度的方法。光线通过狭缝形成的光带投射到被测表面上，以它与被测表面的交线所形成的轮廓曲线来测量表面粗糙度。光切法主要用于测量 Rz 和 Ra 为 $0.8 \sim 100 \mu m$ 的表面粗糙度，需要人工取点，测量效率低。光切显微镜又称双管显微镜，如图11-10（b）所示。

3）干涉法

干涉法是指利用光波干涉原理将被测表面的形状误差以干涉条纹图形显示出来，并利用放大倍数高（可达500倍）的显微镜，将这些干涉条纹的微观部分放大后进行测量，以得出被测表面粗糙度。应用此法测量表面粗糙度的工具称为干涉显微镜。这种方法适用于测量 Rz 和 Ra 为 $0.025 \sim 0.8 \mu m$ 的表面粗糙度。干涉显微镜如图11-10（c）所示。

4）针描法

针描法又称感触法，是一种接触式测量表面粗糙度的方法。将针尖曲率半径为 $2 \mu m$ 左右的金刚石触针沿被测表面缓慢滑行，金刚石触针的上下位移量由电学式长度传感器转换为电信号，经放大、滤波、计算后由显示仪表指示出表面粗糙度数值，也可用记录器记录被测截面轮廓曲线，能记录表面轮廓曲线的工具称为表面粗糙度轮廓仪。这种测量工具有电子计算电路或电子计算机，它能自动计算出轮廓算术平均偏差 Ra、微观不平度十点高度 Rz，轮廓最大高度 Ry 和其他多种评定参数，测量效率高，适用于测量 Ra 为 $0.025 \sim 6.3 \mu m$ 的表面粗糙度。表面粗糙度轮廓仪如图11-10（d）所示。

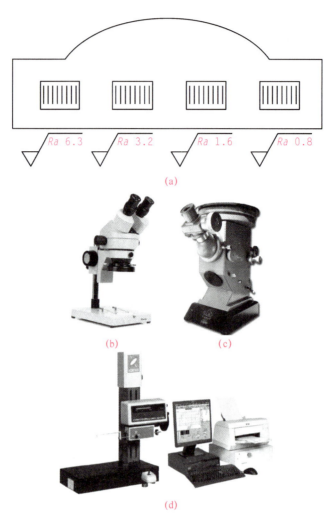

图 11-10 表面粗糙度常用测量仪器

（a）表面粗糙度样板；（b）双管显微镜；
（c）干涉显微镜；（d）表面粗糙度轮廓仪

2. 测量表面粗糙度的注意事项

1）测量方向

（1）当图样上未规定测量方向时，对于一般切削加工表面，应在垂直于加工痕迹的方向上测量。

（2）当图样上明确规定测量方向的特定要求时，应按要求测量。

（3）当无法确定表面加工纹理方向时（如经研磨的加工表面），应通过选定的几个不同方向测量，然后取其中的最大值作为被测表面的粗糙度参数值。

2）测量部位

（1）在被测工件的实际表面上选定几个部位进行测量，测量结果的确定，可按照国家标准的有关规定进行。

（2）当图样上明确规定测量方向的特定要求时，应按要求测量。

（3）当无法确定表面加工纹理方向时（如经研磨的加工表面），应通过选定的几个不同方向测量，然后取其中的最大值作为被测表面的粗糙度参数值。

3）表面缺陷

零件的表面缺陷，例如气孔、裂纹、砂眼、划痕等缺陷，一般比加工痕迹的深度或宽度大得多，不属于表面粗糙度的评定范围，必要时，应单独规定对表面缺陷的要求。

同步训练

1. 简述表面粗糙度对零件的使用性能的影响。
2. 表面粗糙度的主要评定参数有哪些？应优先采用哪个评定参数？
3. 简述表面粗糙度在图样中的标注方法。
4. 表面粗糙度的选择方法有哪些？
5. 表面粗糙度的测量方法有哪些？
6. 测量表面粗糙度时有哪些注意事项？
7. 改正图11-11中表面粗糙度代号标注的错误。

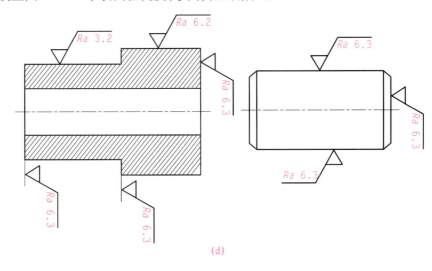

(d)

图11-11

8. 将下列要求标注在图11-12上，零件的加工均采用去除材料的方法。

（1）直径为50 mm的圆柱外表面粗糙度 Ra 的上限值为3.2 μm。

（2）左端面的表面粗糙度 Ra 的上限值为1.6 μm。

（3）直径为50 mm的圆柱右端面的表面粗糙度 Rz 的最大值为1.6 μm。

（4）内孔表面粗糙度 Ra 的上限值为0.4 μm。

（5）螺纹工作面的表面粗糙度 Ra 的上限值为1.6 μm。

（6）其余各加工面的表面粗糙度 Ra 的上限值为12.5 μm。

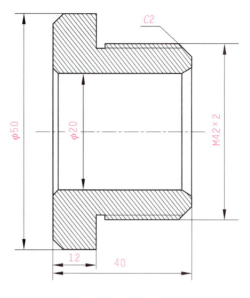

图 11 - 12 零件

项目十二　螺纹及检测

螺纹结合是一种比较常见的结合形式,应用于各种机械场合。本项目主要介绍螺纹的种类和应用、普通螺纹的基本牙型和主要参数、螺纹的检测等内容。

学习目标

(1) 了解螺纹的种类和应用。
(2) 了解普通螺纹的基本参数。
(3) 了解螺纹的检测方法和检测仪器。
(4) 掌握用螺纹工作量规检测螺纹的方法。

任务一　螺纹概述

一、螺纹的种类和应用

螺纹结合是各种机械中应用最为广泛的一种结合形式。按螺纹形成的表面可将其分为外螺纹、内螺纹;按螺纹的形状可将其分为圆柱螺纹、圆锥螺纹;按螺纹牙型可将其分为三角形螺纹、梯形螺纹、锯齿形螺纹、矩形螺纹等;按螺纹用途可将其分为紧固螺纹、传动螺纹、密封螺纹、专用螺纹。常用螺纹的牙型和应用见表 12-1。

表 12-1　常用螺纹的牙型和应用

截面牙型		特征及应用
连接螺纹（三角形螺纹）	普通螺纹	牙型角为 60°,同一直径按螺距大小可分为粗牙和细牙。 一般连接多用粗牙,细牙用于薄壁及受冲击、振动的零件,也常用于微调机构
	管螺纹	牙型角 55°,公称直径近似为管内径,又可分为圆柱管螺纹和圆锥管螺纹。 多用于水、油、气的管路及电气管路系统的连接

续表

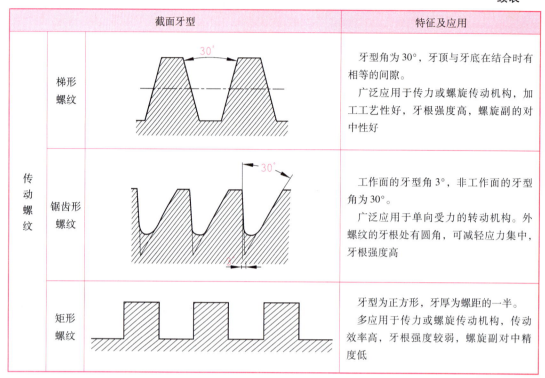

截面牙型		特征及应用
传动螺纹	梯形螺纹	牙型角为30°，牙顶与牙底在结合时有相等的间隙。 广泛应用于传力或螺旋传动机构，加工工艺性好，牙根强度高，螺旋副的对中性好
	锯齿形螺纹	工作面的牙型角3°，非工作面的牙型角为30°。 广泛应用于单向受力的转动机构。外螺纹的牙根处有圆角，可减轻应力集中，牙根强度高
	矩形螺纹	牙型为正方形，牙厚为螺距的一半。 多应用于传力或螺旋传动机构，传动效率高，牙根强度较弱，螺旋副对中精度低

二、普通螺纹的基本牙型和基本参数

1. 普通螺纹的基本牙型

基本牙型是指在通过螺纹轴线的剖面内，按规定的高度削去原始三角形的顶部和底部后所形成的内、外螺纹共有的理论牙型，它是确定螺纹设计牙型的基础。由于理论牙型上的尺寸均为螺纹的基本尺寸，因而称为基本牙型。

2. 普通螺纹的基本参数

在三角形螺纹的理论牙型中，D 是内螺纹大径（公称直径），d 是外螺纹大径（公称直径），D_2 是内螺纹中径，d_2 是外螺纹中径，D_1 是内螺纹小径，d_1 是外螺纹小径，P 是螺距，H 是螺纹三角形的高度，如图12-1所示。

公称直径（d 或 D）指螺纹大径的基本尺寸。螺纹大径（d 或 D）也称外螺纹顶径或内螺纹底径。

螺纹小径（d_1 或 D_1）也称外螺纹底径或内螺纹顶径。

螺纹中径（d_2、D_2）是一个假想圆柱的直径，该圆柱剖切面牙型的沟槽和凸起宽度相等。同规格的外螺纹中径 d_2 和内螺纹中径 D_2 公称尺寸相等。

螺距（P）是螺纹上相邻两牙在中径上对应点间的轴向距离。

导程（L）是一条螺旋线相邻两牙在中径上对应点间的轴向距离。

理论牙型高度（h_1）是在螺纹牙型上牙顶到牙底之间垂直于螺纹轴线的距离。

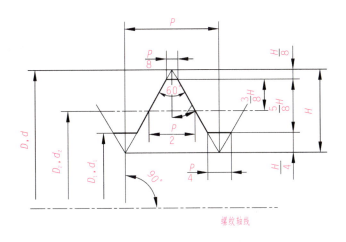

图 12-1 普通螺纹的基本牙型

任务二　螺纹的检测

车间生产中，检验螺纹所用的量规称为螺纹工作量规。常用的螺纹工作量规有两种：一种是按螺纹的最大实体牙型做成的通端螺纹量规，用于检验螺纹的可旋合性；另一种是按螺纹中径的最小实体尺寸做成的止端螺纹量规，用于控制螺纹的连接可靠性，如图 12-2 所示。

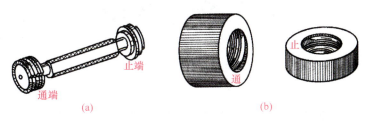

图 12-2　螺纹工作量规
(a) 螺纹塞规；(b) 螺纹环规

一、用螺纹工作量规检验外螺纹

检验外螺纹大径用光滑极限卡规（图 12-3），检验外螺纹用螺纹环规 [图 12-2 (b)]，这些量规都有通规和止规。

1) 光滑极限卡规

光滑极限卡规用来检验外螺纹的大径尺寸。通端应通过被检外螺纹的大径，这样可以保证外螺纹的大径不大于其最大极限尺寸；止端不应通过被检外螺纹的大径，以保证外螺纹大径不小于其最小极限尺寸。

2）通端螺纹工作环规（T）

通端螺纹工作环规主要用来检验螺纹作用中径 $d_{2m}(d_{2m} = d_{2a} + f_p + f_{a侧})$，其次控制外螺纹小径不超出其最大极限尺寸（$d_{1max}$），属于综合检验量规。因此，通端螺纹工作规应有完整的牙型，其长度等于被检螺纹的旋合长度。合格的外螺纹都应被通端螺纹工作规顺利地旋入，这样就保证了外螺纹的作用中径不超出中径的最大极限值，即 $d_{2m} \leq d_{2max}$，还保证了外螺纹小径不大于它的最大极限尺寸。

图 12-3 光滑极限卡规

3）止端螺纹工作环规（Z）

止端螺纹工作环规只用来检验外螺纹单一中径一个参数。为了尽量减小螺距误差和牙侧角的影响，必须使环规的中径部位与被检验的外螺纹接触，因此，止端螺纹工作环规的牙型应做成截短的不完整的形式，并将止端螺纹工作环规的长度限制在 2~3.5 个牙。合格的外螺纹不应完全通过止端螺纹工作环规，但仍允许旋合一部分。这些没有完全通过止端螺纹工作环规的外螺纹，说明其单一中径不小于中径的最小极限值，即 $d_{2a} \geq d_{2min}$。

二、用螺纹工作量规检验内螺纹

检验内螺纹小径用的光滑极限塞规（图 12-4）和检验内螺纹用的螺纹塞规[图 12-2（a）]，这些量规也有通规和止规。

图 12-4 光滑极限塞规

1）光滑极限塞规

光滑极限塞规用来检验内螺纹小径尺寸。通端光滑塞规应通过被检内螺纹的小径，而止端光滑塞规不应通过被检内螺纹的小径，这样就能保证内螺纹小径不小于它的最小极限尺寸，同时不大于它的最大极限尺寸。

2）通端螺纹工作塞规（T）

通端螺纹工作塞规主要用来检验内螺纹的作用中径 $D_{2m}(D_{2m} = D_{2a} - (F_p + F_{a侧}))$，其次是控制内螺纹大径不超出其最小极限尺寸，也是综合检验量规。因此，通端螺纹工作塞规应有完整的牙型，其长度等于被检螺纹的旋合长度。合格的内螺纹应被通端螺纹工作塞规顺利地旋入，这样就保证了内螺纹的作用中径不小于中径的最小极限值，即 $D_{2m} \geq D_{2min}$，同时也保证了内螺纹的大径不小于其最小极限尺寸。

3）止端螺纹工作塞规（Z）

止端螺纹工作塞规只用来检验内螺纹单一中径一个参数。为了尽量减小螺距误差和牙侧角误差的影响，将止端螺纹工作塞规的牙型做成截短的不完整的牙型，并将其工作部分的长度限制为 2~3.5 个牙。合格的内螺纹不应完全通过止端螺纹工作塞规，但允许旋合一部分。这些没有完全通过止端螺纹工作塞规的内螺纹，说明其单一中径没有超出中径的最大极限值，即 $D_{2a} \leqslant D_{2\max}$。

同步训练

1. 螺纹按牙型分类有哪些类型？
2. 普通三角形螺纹的基本参数有哪些？
3. 简述普通内、外螺纹使用螺纹工作量规的检测方法。

项目十三　渐开线圆柱齿轮的测量

齿轮传动是一种重要的传动形式，用以传递运动和力，在机械设备和仪器仪表中应用极为广泛。本项目介绍渐开线圆柱齿轮传动精度及其测量。

学习目标

(1) 了解渐开线圆柱齿轮的精度等级及应用范围。
(2) 掌握渐开线圆柱齿轮的测量方法。
(3) 掌握公法线千分尺的使用方法。
(4) 掌握齿厚游标卡尺的使用方法。

任务一　渐开线圆柱齿轮的精度

一、齿轮精度标准的适用范围

GB/T 10095.1—2008 规定了单个渐开线圆柱齿轮轮齿同侧齿面的精度，包括齿距（位置）、齿廓（形状）、齿向（方向）和切向综合精度。

二、精度等级及应用范围

GB/T 10095.1—2008 规定了齿轮的 13 个精度等级，即 0、1、2、…、12 级。其中，0 级精度最高，12 级精度最低。各类机械产品中的齿轮常用的精度等级见表 13-1。

表 13-1　各类机械产品中的齿轮精度等级

应用范围	精度等级	应用范围	精度等级
测量齿轮	2~5	载重汽车	6~9
涡轮减速器	3~6	一般减速器	6~9
精密切削机床	3~7	拖拉机	6~10
航空发动机	4~8	起重机械	7~10
一般切削机床	5~8	轧钢机	6~10
内燃机或电气机车	5~8	地质矿山绞车	7~10
轻型汽车	5~8	农业机械	8~11

任务二　渐开线圆柱齿轮测量

按测量目的不同，齿轮测量可分为终结测量和工艺测量。终结测量通常是在齿轮完工后进行的，目的是判别齿轮各项精度指标是否达到图纸上规定的要求，以保证齿轮的使用质量。在成批生产中，终结测量通常采用综合测量。工艺测量是在加工过程中进行的，目的是查明工艺过程中误差产生的原因，然后按测量结果调整工艺过程。

齿轮测量还可以分为单项测量和综合测量。

一、单项测量

单项测量包括齿距累积误差及齿距偏差的测量、齿圈径向跳动的测量、基节偏差的测量、齿形误差的测量、齿向误差的测量、公法线长度变动 ΔF_w 的测量、齿厚的测量。这里只介绍公法线长度变动和齿厚的测量。

1. 公法线长度变动的测量

在齿轮一周范围内，实际公法线的最大长度与最小长度之差称为公法线长度变动，用 ΔF_w 表示。

$$\Delta F_w = W_{max} - W_{min}$$

公法线长度变动的实质是轮齿在齿圈上分布不均匀，它反映齿轮加工时由运动偏心引起的切向误差。因此，公法线长度变动可以作为评定齿轮传递运动准确性的一项指标。该指标适用于滚齿加工的齿轮。

可以用公法线千分尺测量公法线长度变动，如图 13-1 所示，它主要用于一般精度齿轮的公法线长度测量。也可以用公法线指示卡规，对较高精度齿轮的公法线长度进行测量。下面主要介绍公法线千分尺的测量。

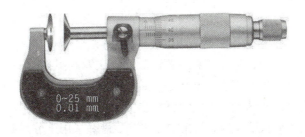

图 13-1　公法线千分尺

知识链接

公法线千分尺

1）公法线千分尺结构（图13-2）

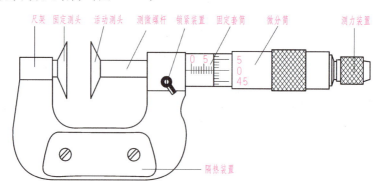

图13-2 公法线千分尺结构

2）公法线千分尺使用

（1）使用时，将千分尺测量面及测量表面清洁干净。

（2）使用时，必须首先归零。在归零时，缓慢地使固定测头与活动测头接触，所用的力须和测量时保持一致（国家标准规定用力为2~3 N），考虑到测量的不确定性，一般都要置零两次以上，测量次数不低于3次。

（3）将被测工件移入两测量面之间，调微分筒，使工作面快接触到被测工件后，调测力装置，听到"咔咔咔"三声时停止。

3）公法线千分尺读数

（1）整数部分：在固定套筒主刻度上读出，通过微分筒端面所处的主刻度的上刻线确定。

（2）小数部分：在固定套筒主刻度的下刻度线和微分筒读出。

① 下刻度线出现，读数为0.5+微分筒读数。

② 下刻度线未出现，微分筒上读数。

4）公法线千分尺使用注意事项

（1）千分尺是精密量具，使用时要轻拿轻放，用完之后在裸露部位涂上防锈油，并放置盒内，放置通风干燥处，不可随意丢置乱放。

（2）在进行测量操作时，应注意操作的速度和力度；调节微分筒时，不可用力过猛，且不可在调节微分筒时，使两卡脚卡紧物件，要充分使用测力装置功能。

（3）在使用外径千分尺测量时，严禁单手操作，最好采用千分尺底座或辅助设备。

（4）由于千分尺为精确测量仪器，所以测量时应多取几次测量值。

2. 齿厚的测量

齿厚偏差是指在齿轮分度圆柱面上，法向齿厚的实际值与公称值之差。因此，齿厚应在分度圆上测量。测量齿厚时通常用齿轮游标卡尺，如图13-3所示。测量时，把直立游标尺定在分度圆弦齿高上,然后用水平游标尺量出分度圆弦齿厚的实际值,将分度圆弦齿厚的实际值减去其公称值就是齿厚偏差。

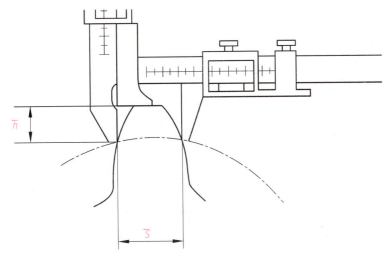

图13-3 齿厚测量

知识链接

齿厚游标卡尺

1) 齿厚游标卡尺结构(图13-4)

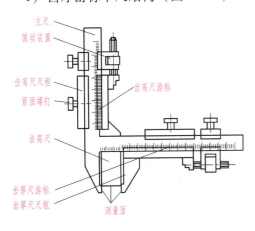

图13-4 齿厚游标卡尺结构

2) 齿厚游标卡尺使用

由于齿厚游标卡尺由两个互相垂直的主尺组成,因此它有两个游标。齿高的尺寸由垂直主尺上的游标调整;齿厚的尺寸由水平主尺上的游标调整。刻线原理和读法与一般游标卡尺相同。

3) 齿厚游标卡尺读数

刻线原理和读数与一般游标卡尺相同。

4) 齿厚游标卡尺使用注意事项

齿厚游标卡尺是比较精密的量具,使用是否合理不但影响齿厚游标卡尺本身的精度和使用寿命,而且对测量结果的准确性也有直接影响。因此必须正确使用齿厚游标卡尺。

(1) 使用前,认真学习并熟练掌握齿厚游标卡尺的测量、读数方法,搞清楚所用齿厚游标卡尺的量程、精度是否符合被测零件的要求,检查齿厚游标卡尺是否完整无任何损伤,移动尺框时,活动要自如,不应有过松或过紧,更不能晃动。用纱布将齿厚游标卡尺擦拭干净,合拢测量爪,检查测量爪是否有漏光、变形等情况。检查尺身和尺框的刻线是否清晰,尺身有无弯曲变形、锈蚀等现象。校验零位、检查各部分作用是否正常。

（2）使用齿厚游标卡尺时，要轻拿轻放，不得碰撞或跌落地上。不要用齿厚游标卡尺测量粗糙、脏污的零件，以免损坏量爪。

（3）移动卡尺的尺框和微动装置时，不要忘记松开紧固螺钉；但也不要松得过量，以免螺钉脱落丢失。测量时，垂直的量爪应贴紧齿顶，水平卡尺两测量面应贴紧齿廓切向，不得歪斜，否则会造成测量结果不准。测量时，应在足够的光线下读数，两眼的视线与卡尺的刻线表面垂直，以减小读数误差。如果测量位置不方便读数，可把紧固螺钉拧紧，沿垂直于测量位置的方向轻轻将卡尺取下并读数。

（4）测量时，测量力要适当，不允许过分地施加压力，所用压力应使量爪刚好接触零件表面，否则会使游标摆动，造成测量结果不准。为减小测量误差，可适当增加测量次数，并取其平均值，测量温度要适宜，刚加工完的工件由于温度较高不能马上测量，需等工件冷却至室温后才能测量，否则测量误差太大。

（5）量具在使用过程中，不要和工具、刀具如锉刀、榔头、车刀和钻头等堆放在一起，以免碰伤量具。

（6）测量结束后要把卡尺平放到规定的位置，比如工具箱上或卡尺盒内，不允许把卡尺放到设备（床头、导轨、刀架）上。不要把卡尺放在磁场附近，例如磨床的磁性工作台上，以免使卡尺感磁。不要把卡尺放在高温热源附近。

（7）卡尺使用完毕，要擦净并放到卡尺盒内。长时间不用时应在卡尺测量面上涂黄油或凡士林，放干燥、阴凉处储存，注意不要锈蚀或弄脏。

（8）卡尺如有异常或意外损伤，应及时送计量站检修，不得擅自拆卸检修。

同步训练

1. 公法线千分尺的使用方法是什么？
2. 公法线千分尺的读数原理是什么？
3. 公法线千分尺有哪些使用注意事项？
4. 齿厚游标卡尺有哪些使用注意事项？

项目十四　先进测量技术

机械加工是先进制造技术的基层作业，是先进制造系统中最基本、最活跃的环节。其基本目标是在低成本、高生产率的条件下保证产品的质量。为了实现该目标，急需研发的关键技术之一是机械加工的先进测量技术。特别是在多品种小批量生产条件下，研究先进测量技术意义尤其重大，因为先进测量技术，是保证质量和提高生产率的重要手段。

学习目标

（1）了解万能工具显微镜的测量方法和使用注意事项。
（2）了解激光跟踪仪的测量方法和使用注意事项。
（3）了解在线测量技术的发展状况。

任务一　万能工具显微镜

一、万能工具显微镜概述

万能工具显微镜能精确测量各种工件尺寸、角度、形状和位置，以及螺纹制件的各种参数，适用于机器制造业，精密工、模具制造业，仪器仪表制造业，军事工业，航空航天及汽车制造业，电子行业，塑料与橡胶行业的计量室、检查站和高等院校、科研院所等，可对机械零件、量具、刀具、夹具、模具、电子元器件、电路板、冲压板、塑料及橡胶制品进行质量检验和控制。典型测量对象有：各种金属加工件、冲压件、塑料件的直径、长度、角度、孔的位置等；各种刀具、模具、量具的几何参数；螺纹塞规、丝杠和蜗杆等外螺纹的中径、大径、小径、螺距、牙型半角；齿轮滚刀的导程、齿形和牙型角。

二、万能工具显微镜的测量方法

万能工具显微镜如图 14-1 所示，其测量方法有以下几种。

1. 刀口法和轴切法

刀口法和轴切法是一种光学和机械综合的方法，主要测量螺纹的轴切面，这个方法也用于测量圆柱、圆锥和平的测件，因为调节误差极小，很少受外来影响。轴切法是利用中央显微镜的标记对通过测件轴心线并利用测量刀上的刻线进行瞄准定位的测量方法。测量刀是万能工具显微镜的附件，其表面有一刻线，刻线至刀口的尺寸为 0.3 mm 和 0.9 mm 两种。测量时，把测量刀放在测量刀垫板上，刻线面通过测件的轴线，并使测量刀的刀口和被测面紧紧接触，用相应的米字线去瞄准，只要测量两把测量刀刻线间的距离，就间接地测得了被测件的测量值。为了避免测量中的计算，设计时，在中间垂直米字线的两侧刻了两组共四条对称分布的平行线，每组刻线到中心刻线的距离分别为 0.9 mm 和 2.7 mm，它正好是测量刀的刀口到刻线间的距离 0.3 mm 和 0.9 mm 的 3 倍。用 3 倍物镜瞄准时，分划板上的 0.9 mm 和 2.7 mm 刻线正好压住测量刀上的 0.3 mm 和 0.9 mm 刻线，这时测量刀上的刀口正好被米字线的中间刻线瞄准。刀口法和轴切法主要用于螺纹中径测量。应用这种方法的条件是：测件要有光滑平直的测量面。用手把测量刀移到测件，测量刀在测量平面上与测件接触。

图 14-1　万能工具显微镜

对于圆形件，此测量平面应与旋转轴相切，平行于刀口边缘的细线表示测件的轴切面。用角度测量目镜的基准刻线对准细线。未磨损刀口的边缘与视场中通过十字线的对准轴线接触，测量时不必考虑细线到刀口边缘之间的距离，只有用磨损的刀口测量时，才要求从量值中减去刀口的误差。工件边缘不光洁、倒角遮住等会影响测量精度。

注意：清除检验面上的灰尘和液体残迹，因为用光隙检验刀口位置时，液体残迹会引起误差。垫板和仪器的顶尖高度是调好的，不可调错，使用前要清洗一下。

2. 阴影法

阴影法是纯粹的光学方法，应用此方法可以迅速地调节仪器，以对准测件轮廓和比较形状。这个方法要求把测件放在自下而上的光路中，并处在对准显微镜的清晰范围内，因为只有这样才能得到测件的阴影。圆形工件的阴影是轴向平面的轮廓阴影，而平测件的阴影决定于其边缘。应用旋转目镜和角度测量目镜上的刻线与阴影相切进行测量。对测件的形状与自绘的图形比较时，可以用投影装置，使用双目观察。

3. 反射法

反射法和阴影法相似，也是光学接触法，反射法的特点是：可以测量边缘和标记。根据显微镜的清晰平面确定测量平面，这个方法主要用于平的测件。测量划线和样冲眼时，用角度测量目镜；测量孔的边缘时，用双像目镜；比较形状时，用旋转目镜。

4. 测微杠杆法

测微杠杆法用于不能用光学方法对准测量的测量面，利用中央显微镜的标记和紧靠测件测量点、线、面的万能工具显微镜附件——光学测孔器的测头连在一起的双刻线进行瞄准定位的测量方法。测量时，将光学测孔器的测头紧靠测件（内、外）表面。当测量孔径时，首先使测头与测件内孔接触，取得最大弦长后，使米字线中间刻线被光学测孔器的双套线套在中间，并在读数显微镜上读取一数值；然后改变测量方向，使测头在另一侧与测件接触，同样使米字线分划板的中间刻线被光学测孔器的双套线套在中间，在读数显微镜上读取另一数值。两次读数的差，再加上测头直径的实际值，即为测件的内尺寸，如减去测头直径的实际值，即为测件的外尺寸。例如，对于孔及各种曲线面和螺旋面，这里必须注意，在相对方向接触或接触曲面时测量头的直径也要包含在测量结果内。对于特殊的测量，建议自制合适的接触杆。应用直径一定的球形测量头可以检验滚动曲线，尖的测量头可以在一定的测量面内检验螺旋面。刀口形测量头可以测量切面及只有两个坐标轴的空间曲线的投影。

三、万能工具显微镜的使用与维护

1. 注意目镜和物镜的调焦顺序

很多人一开始测量就用物镜调焦，调好物体焦距后再用目镜中的"米"字线进行对准测量。如果此时"米"字线不够清晰，就会对目镜进行调焦。其实，这个次序是错误的，因为这样会造成前面调焦后的被测物体的影像存在虚影。正确的方法是：先将目镜中的"米"字线调清晰，然后再对物体调焦，只有这样才能保证"米"字线和物体的像均是清晰的。

2. 注意在测量前清除被测件表面的毛刺和磕痕

被测件在加工、使用和运输过程中均可能产生一些毛刺和磕痕，这些缺陷可能不易被觉察，但在测量中容易引起万能工具显微镜的对线错误或造成测量面不在同一焦平面上而形成一定的局部虚影，从而影响测量结果的准确性，所以一定要彻底清除这些表面毛刺和磕痕。

3. 注意正确安装被测件

万能工具显微镜上被测件的安装形式一般有以下两种。

1）平面测件的安放

对于平面测件，主要注意被测件的被测面在同一焦平面上，否则容易形成局部虚影。对于被测面有倒角的零件，最好让倒角朝下，否则容易引起调焦不清晰，造成测量不准。

2）轴类测件的安装

轴类测件一般依靠中心孔定位，这就要求安装前一定要清洗干净顶尖孔，特别是要消除其中的泥沙和毛刺，否则会造成被测件的轴心线与仪器中心线不同轴，从而带来较大的测量误差。这种情况在日常测量中经常会遇到，最好的办法是：安装好仪器后，用分划板中的"米"字线的水平线检查被测轴的外径的跳动误差，从而判断被测件是否安装好。

4. 量螺纹零件时注意万能工具显微镜的立柱倾斜方向

测量螺纹中径、牙型半角时，为使影像清晰，一般会将万能工具显微镜的立柱向左或右倾斜一个螺旋角，且立柱的倾斜方向与被测件的螺旋方向一致。当螺旋角较大时，通过观察影像的清晰程度很容易就能判断立柱倾斜方向与测件螺旋方向是否一致，但当测件螺旋角小于1°时，对影像的影响很小，肉眼难以判断，经常造成立柱倾斜方向与测件螺旋角方向相反，从而使测得的测件左右两边的牙型半角不一致，给测件的加工造成很大的困难。所以，在测量前一定要根据测件图纸资料中注明的螺旋方向来正确判断立柱的倾斜方向。

5. 温度变化对测量结果的影响

在实际测量中，为了减少温度对测量带来的误差，应从以下方面进行操作。

（1）当温度接近标准温度 20 ℃时，进行测量。

（2）测量前将测件放在仪器旁的铸铁平板上恒温 2 h 以上。

（3）测量时戴手套，避免人手温度对测件和仪器的影响。

6. 光圈调整为不同值时对测量圆柱形零件的影响

在工具显微镜上用影像法测量圆柱体或螺纹工件时，测量前用定焦棒调焦。测量中不能再进行二次调焦。测量时根据被测件的直径的大小，调整光圈大小。光圈调整不准确会对测量结果影响很大。

每一台仪器的说明书都给出了最佳光圈值，测量前可以参照给出的值调整光圈大小，但是仪器说明书所给出的光圈值，并不一定是所用仪器的最佳光圈值。所以，在精密测量中，应该通过试验确定仪器的最佳光圈。

任务二　激光跟踪仪

一、激光跟踪仪概述

激光跟踪仪是工业测量系统中一种高精度的大尺寸测量仪器（图14-2）。它集合了激光干涉测距技术、光电探测技术、精密机械技术、计算机及控制技术、现代数值计算理论等各种先进技术，对空间运动目标进行跟踪并实时测量目标的空间三维坐标。它具有高精度、高效率、实时跟踪测量、安装快捷、操作简便等特点，适合于大尺寸工件配装测量。SMART310是Leica公司1990年生产的第一台激光跟踪仪，1993年Leica公司又推出了SMART310的第二代产品，其后，Leica公司还推出了LT/LTD系列的激光跟踪仪，以满足不同的工业生产需要。LTD系列的激光跟踪仪采用了Leica公司专利的绝对测距仪，测量速度快、精度高，配套的软件则在Leica统一的工业测量系统平台Axyz下进行开发，包括经纬仪测量模块、全站仪测量模块、激光跟踪仪测量模块和数字摄影测量模块等。

图14-2　激光跟踪仪

激光跟踪系统在我国的应用始于1996年，上飞、沈飞集团在我国第一次引进了SMART310激光跟踪系统；2005年，上海盾构公司引进了Leica公司的一套LTD600跟踪测量系统，应用于三维管模的检测。

二、激光跟踪测量系统基本组成

激光跟踪测量系统实主要由以下四个部分组成。

1. 距离测量部分

距离测量部分包括单频激光干涉法距离测量装置（IFM）、鸟巢（Birdbath）和绝对距离测量装置（ADM）和反射器等。干涉测距是利用光学干涉法原理，通过测量干涉条纹的变化来测量距离的变化量，所以激光跟踪仪的IFM只能测量相对距离。如需要测量跟踪头中心到空间点的绝对距离，必须给出一个基准距离。传感器单元上有一个固定点叫作鸟巢（Birdbath），跟踪头中心到鸟巢的距离是已知的，当反射器从鸟巢内开始移动，IFM测量出反射器移动的相对距离，再加上基准距离就得到绝对距离。如果激光束被打断，则必须重新回到基点以重新初始化IFM，这给实际工作带来诸多不便。因此增加一个新功能叫作绝对距离测量（ADM），ADM装置的功能就是自动重新初始化IFM，获取基准距离。ADM通过测定反射光的光强最小来判断光所经过路径的时间，从而计算出绝对距离。

2. 角度测量部分

角度测量部分包括方位角和高度角的角度编码器。其工作原理类似于电子经纬仪、马达驱动式全站仪的角度测量装置，包括水平度盘、垂直度盘、步进马达及读数系统，由于具有跟踪测量技术，所以它的动态性能较好。

3. 跟踪控制部分

跟踪控制部分包括控制器、力矩电动机和位置监测器（PSD）。逆反射器反射回的光束经过分光镜时，有一部分光进入位置检测器，当逆反射器移动时，这一部分光将会在位置探测器上产生一个偏移值，根据偏移值，位置检测器输出偏移信号至控制器，控制力矩电动机转动，直到偏移值趋向零，从而达到跟踪的目的。因此，当逆反射器在空间运动时，激光跟踪头能一直跟踪逆反射器。

4. 测量电路部分

测量电路部分用于读出距离变化量和两个编码器的输出脉冲数，与计算机进行大量的数据交换。然后，计算机对数据进行处理，实时显示运动目标的三维位置。

三、激光跟踪仪

1. 定义

激光跟踪仪（Laser Tracker）是一台以激光为测距手段，配以反射标靶的仪器，它同时配有绕两个轴转动的测角机构，形成一个完整球坐标测量系统。可以用激光跟踪仪测量静止目标，跟踪和测量移动目标或它们的组合。

激光跟踪仪可以测量对象的范围及精度，远在35 m，精度为25 μm（0.001 in[①]），近在5 m。它收集了高速的坐标数据，操作时，只需要一个操作员。激光跟踪仪的优点：坐标测量不仅改善了测量的方法，也有了新的制造方法。

2. 激光跟踪仪的组成

激光跟踪仪由测量单元（CU）、控制器（CTL）和电脑（AP），通过电缆线组成计算辅助测量系统（CMS）。

仪器附件有：

反光镜：CCR，TBR，RRR。

通常使用 ϕ0.5 in 的反光镜，特殊情况下也会使用 ϕ1.5 in 的反光镜。

反光镜托座：当波音规定用 0.5 in 反光镜时，补偿高度 0.312 5 in（7.937 5 mm）、孔 0.25 in。

---

① 1 in = 2.54 cm。

如有特殊需要也可使用其他规格反光镜托座。

3. 激光跟踪仪工作原理

激光跟踪仪的工作原理是在目标点上安置一个反射器，跟踪头发出的激光射到反射器上，又返回到跟踪头，当目标移动时，跟踪头调整光束方向来对准目标。同时，返回光束为检测系统所接收，用来测算目标的空间位置。简单说，激光跟踪仪的所要解决的问题是**静态或动态地跟踪一个在空间中运动的点，同时确定目标点的空间坐标**。

四、激光跟踪仪使用与维护

1. 仪器的维护和存放

（1）激光跟踪仪属精密检测仪器，系统中的激光头及电路器件禁止自行拆卸，发生故障应整体返厂维修。

（2）保持仪器非光学部分的表面干净整洁。用半干软棉布擦拭；擦拭时，单方向进行，动作轻柔，用力均匀；不可使用有机溶剂，以免破坏仪器工作表面。

（3）所有光学器件应保持清洁，避免污染。

（4）仪器长期不用时，应每隔1周将仪器拿出来，连机、通电，开机1h以上，以排除仪器内的湿气，防止仪器受潮或镜头霉变；观察仪器使用情况和精度状况，以便故障被及早发现，及早处理。

（5）使用完毕后放在仪器箱中，保存在与工作时近似的环境条件，以保证系统工作时保持理想的热稳定性。

2. 光学器件的除尘和清洗

（1）禁止用手或硬物触及激光跟踪仪，会污损或划伤光学组件表面，从而影响使用。

（2）激光跟踪仪使用时，灰尘、散落颗粒会因静电原因吸附在光学元件表面。当激光跟踪仪的光强降低时，就需要对光学元件进行清洁。

（3）当激光跟踪仪有尘土时，可以直接用吸耳球清除。

（4）大多数颗粒用低压气流去除，遗留下的颗粒可用丙酮打湿的镜头纸擦掉。

过度或不当地清洗可能导致光学器件的损坏，光学器件应在有明显灰尘时才能清洗。

任务三　在线测量技术

一、在线测量技术概述

机械加工是先进制造技术的基层作业，是先进制造系统中最基本、最活跃的环节，其基本目标是在低成本、高生产率的条件下保证产品的质量。为了实现该目标，急需研究开发的关键技术之一是机械加工在线测量技术，特别是在多品种小批量生产条件下，研究先进的在线测量技术意义尤其重大，因为在线测量是加工测量一体化技术的重要组成部分，是保证质量和提高生产率的重要手段。国内外很早就意识到了在线测量技术的重要性而进行了大量的研究，并且在生产实际中得到了广泛应用。但由于加工过程的特殊复杂性，现有的在线测量技术大都只测量单一的准确度指标（目前主要是指车削过程和磨削过程中工件直径的在线测量），而且测量准确度受到限制，不适用于超精密加工。在超精密加工中，机床的精度比一般测量仪器和测量机的准确度还高。如果把机床和合适的测量仪器有机地接合起来，即可实现零件加工精度的在线测量，这样机床既可作加工用，又可用作测量，既扩大了机床的应用范围，又解决了零件的测量问题。传统的零件测量方法是很费时的，常常采用离线测量，需要把被测零件从加工设备转移到测量设备（如坐标测量机），有时甚至需要几个来回，在很多情况下传统方法检测工件的费用等于甚至超过零件的加工费用，因此机械加工质量保证的发展趋势是：通过用在线测量全部代替离线测量，统计质量控制使质量保证更靠近加工过程，保证零件从加工设备卸下就是合格品。当然，在线检测的效率和准确度必须得到保证，这样综合决策和必要的补偿就能在最小的时间延迟内得以实现。基于此，对国内外机械加工中的在线测量技术的现状和发展趋势进行总结具有重要的现实意义。

二、在线测量的目的

在线测量技术是指直接或间接测量零件的加工精度指标（不包含表面粗糙度），它包括两种情况。

（1）测量机构在加工过程中直接实时测量零件的加工精度，加工过程和测量过程同时进行。它有以下两个目的：

① 为了在加工过程中直接保证零件的加工精度，在线测量为实时误差补偿提供必要的反馈信息，一般情况下，补偿加工后零件的加工精度就能得到保证。

② 为提高生产率，加工过程和测量过程需同时进行，加工过程一旦结束就能得到人们要求的加工精度信息，根据测量结果对零件是否合格做出判断，并且研究加工精度和影响因素的关系，如果不合格，则增加必要的修正加工。

（2）加工过程和测量过程分开，一道工序或整个切削加工完成后，不卸下工件，对工件进行在线测量，根据测量结果采取必要的手段，以保证零件的加工精度。

三、在线测量的方法及特点

对机械加工中在线测量技术研究最多的是车削过程和磨削过程，而且主要是指工件直径的在线测量，但是对车削过程中圆度、圆柱度以及表面粗糙度的在线测量也有很多研究，在铣削平面加工中也研制了在线测量系统。在线测量准确度是在线测量技术的核心，取决于测量传感器和测量机构等硬件的准确度。如果把机床当作坐标测量机，则测量准确度还与测量策略和数据处理策略有关。但加工过程是一个复杂的动态过程，所以影响测量准确度的因素很多，如加工中冷切液的浇注、机床振动及加工中产生的热。因此，加工过程中直接测量零件的加工精度困难很大，由此知道机械加工中的在线测量比坐标测量机的工作环境恶劣得多。要实现在线测量的高准确度，须对测量传感器提出以下要求：

(1) 抗干扰能力强，具有高准确度和高分辨力。
(2) 测量速度快、成本低，无须人工调整。
(3) 对不同的测量，转换速度快，测量范围大。
(4) 不受环境温度影响，不受工件材料和表面特性影响。
(5) 加工和测量互不干涉，并且能考虑所有误差源的影响，测量曲面时该项很关键。

要符合上面的所有要求很难，因此所用的传感器要么测量准确度不高，要么只是在特殊加工条件下进行在线测量（如进行干切）。目前用于在线测量的传感器主要有机械式、光学式、超声波式、电子式和气动式五种。

四、在线测量技术的发展方向

现有的机械加工在线测量方法大多用于为实时误差补偿提供反馈信息，测量常常是单方面的，并且测量准确度受限，不能实现某些曲线和曲面（如锥面、球面和非球曲面）的高准确度在线测量。因此，开发适合于切削环境的高准确度传感器（比如在车削中用三传感器误差分离方法实时补偿零件的圆度、圆柱度）和扩大在线测量的应用范围是当务之急。比如在车床上，车床的加工范围很广，能加工圆柱面、圆锥面、球面、平面及非球曲面等，因此要求车床能在线测量所有这些加工表面的形状精度和轮廓精度（指加工过程结束后测量），这实际上要求车床具有坐标测量机的功能。如果机床在进行在线测量时，测量是准确的，则能可靠地检测出零件的加工误差来。因此，把机床当作坐标测量机使用时，就像为了提高坐标测量机的测量准确度必须对其进行在线误差补偿一样，对机床本身的运动误差也必须进行补偿。上面提出了在数控机床上提高在线测量准确度的一种方法，即把机床本身的运动误差当作在线测量的最大误差源，在小角度和刚体假设条件下用齐次坐标变换对整个机床建立误差模型，用适当的方法（如逐步回归法）辨识，得到误差模型各分量，代入误差模型后得到在线测量时的误差补偿模型，以传感器或探针代替刀具便可进行在线测量。为了实现在线测量的自动化，可以把测量传感器或探针储存在刀架上，如在车床上用一个转动刀架，加工时刀具靠近工件，测量时传感器靠近工件，这个转换过程可以自动进行。神经网络复兴以来，由于其很强的学习能力和非线性映射能力，很快代替齐次坐标变换用于机床误差模型的建模。神经网络误差模型的输入包括位置矢量和温度矢量，输出为定位误差矢量，准确的误差模型建立以后，用传感器或探针代替刀具就可实现准确的在线测量。基于神经网络的在线测量误差补偿模型的补偿精度在很大程度上取决于训练样本和检查样本的获得，良好的训练样本能覆盖机床整个加工空间，通常通过在机床上测量标准件（磁球棒、标准圆盘、塔轮和多向棒），或用专门的测量设备测量机床的已加工零件来取得训练样本。完全由机床本身即加工测量一体化技术自动保证零件的加工精度，机床本身的加工精度和在线测量准确度必须得到保证，实现这个要求的基本方法是在提高机床制造精度的前提下，建立高准确度自适应误差补偿模型，使机床具有坐标测量机功能。在线测量技术是零件质量保证和提高生产率的重要手段，在机械加工中扮演着十分重要的角色，当然在线测量技术的广泛应用还有许多问题亟待解决，如高准确度传感器的研制、测量策略和数据处理策略的优化等。随着这些问题的解决，在线测量技术会有更好的应用前景。

同步训练

1. 万能显微镜的使用与维护有哪些方法？
2. 激光跟踪测量系统有哪些基本组成部分？
3. 激光跟踪仪使用与维护有哪些方法？
4. 在线测量的目的是什么？
5. 在线测量技术对测量传感器提出哪些要求？

参考文献

[1] 宋文革. 极限配合与技术测量基础(第五版)[M]. 北京：中国劳动社会保障出版社，2018.

[2] 张林. 极限配合与测量技术（第3版）[M]. 北京：人民邮电出版社，2019.

[3] 徐茂功. 公差配合与技术测量（第4版）[M]. 北京：机械工业出版社，2017.

[4] 谭补辉. 公差配合与测量技术[M]. 武汉：华中科技大学出版社，2019.

[5] 周超梅，刘丽华，王淑君. 公差配合与技术测量[M]. 北京：化学工业出版社，2010.

[6] 韩丽华. 公差配合与技术测量技术基础[M]. 北京：中国电力出版社，2010.

[7] 王希波. 极限配合与技术测量（第四版）[M]. 北京：中国劳动社会保障出版社，2011.

[8] 焦建雄，李琴. 极限配合与技术测量[M]. 长沙：中南大学出版社，2008.

[9] 李荣芬，马丽霞. 极限配合与技术测量学习与实验指导[M]. 北京：高等教育出版社，2006.

[10] 宋文革. 极限配合与技术测量基础习题册[M]. 北京：中国劳动社会保障出版社，2012.

[11] 马丽霞. 极限配合与技术测量（机械加工技术专业）[M]. 北京：机械工业出版社，2011.

[12] 吴艳红. 极限配合与技术测量[M]. 北京：中国铁道出版社，2010.

[13] 文海滨. 极限配合与技术测量[M]. 北京：北京理工大学出版社，2009.